# Beauty in filial piety

# 美在孝行

## 营造幸福的人生攻略

梦 海 著

中国人口出版社
China Population Publishing House
全国百佳出版单位

图书在版编目（CIP）数据

美在孝行 / 梦海著. -- 北京：中国人口出版社，2019.4

ISBN 978-7-5101-6509-2

Ⅰ. ①美… Ⅱ. ①梦… Ⅲ. ①孝-文化-中国-青少年读物 Ⅳ. ①B823.1-49

中国版本图书馆 CIP 数据核字（2019）第 009360 号

美在孝行

梦海　著

| | |
|---|---|
| 责任编辑 | 曾迎新 |
| 装帧设计 | 潇湘悦读文化研究会 |
| 出版发行 | 中国人口出版社 |
| 印　　刷 | 长沙市精宏印务有限公司 |
| 开　　本 | 787 毫米×1092 毫米　1/16 |
| 印　　张 | 11.5 |
| 字　　数 | 130 千字 |
| 版　　次 | 2019 年 4 月第 1 版 |
| 印　　次 | 2019 年 4 月第 1 次印刷 |
| 书　　号 | ISBN 978-7-5101-6509-2 |
| 定　　价 | 45.00 元 |

| | |
|---|---|
| 社　　长 | 邱　立 |
| 网　　址 | www.rkcbs.com.cn |
| 电子信箱 | rkcbs@126.com |
| 总编室电话 | (010)83519392 |
| 发行部电话 | (010)83510481 |
| 传　　真 | (010)83538190 |
| 地　　址 | 北京市西城区广安门南街 80 号中加大厦 |
| 邮政编码 | 100054 |

# 前　言

QIAN YAN

百善孝为先。素称礼仪之邦的中华民族，自远古时代开始，便将孝道观视为检验人品优劣的道德范畴，孝悌思想发扬光大，故而形成了影响深远的孝文化。孝文化作为中华文明的精髓源远流长，备受历代圣贤的推崇。儒家代表人物孔子疾呼“孝悌也者，其为仁之本与”，将孝道列为衡量人品的首要依据；佛家倡导孝名为戒，既是行孝也是持戒，大戒以孝为先；道家遵从孝道是自然之道，认为孝敬父母是人的基本属性。《文昌孝经》里说：“孝治一身，一身斯立；孝治一家，一家斯顺；孝治一国，一国斯仁；孝治天下，天下斯升；孝事天地，天地斯成。”在古人看来，孝道不仅仅是一个家庭的责任，而是关乎"治国平天下"的头等大事。显然，古人也同样认为，一个不孝敬父母和长辈的人，别指望他对国家有多忠诚。

"不孝其亲，不如禽兽"是古人对后人的训诫。的确，乌鸦尚知反哺之义，羔羊懂得"跪乳之恩"，家犬也有护主之责，何况人乎！由此可以推断：一个对父母长辈都不能尽孝道的人，又谈何对他人有爱心呢？没有爱心的人，必是自私狭隘的人，不可能有真正的敬岗爱国情怀。孝道不是孤立的，关系到每个家庭的兴衰。家庭和睦与否，与子女是否孝顺不无关系。家道败落，必是逆子从中作梗。天下所有的父母都希望子女孝顺，然孝顺不是天生的秉性，而是一种家风的传承。父母对长辈是否孝敬，必然影响到子女的孝行。生活中的任何一个微小细节，都会对子女产生潜移默化的影响。尤其是幼龄小孩的父母，其一言一行对小孩的性格和品行影响更大。所谓的"父母慈子女孝"，就是这个道理。所以说，若期望子女将来孝顺自己，在自身努力孝顺好父母长辈为孩子作出榜样的同时，从小就要教育引导孩子树立孝梯的思想观念，养成孝梯的良好品行。唯有如此，方能代代孝顺，辈辈贤达。基于这一理念，笔者通过查阅相关资料并融入现代观感著成此书，期望与读者共勉！

# 目 录

MU LU

## 古人的孝悌之路

## 第二章 孝心常在品自优



## 第三章 世上最不能等的是尽孝



## 第四章 父母是孩子的启蒙老师

## 第五章 父母是家长不是保姆



## 第六章 做一个让父母放心的孩子



## 第七章 让孝心帮助孩子成长

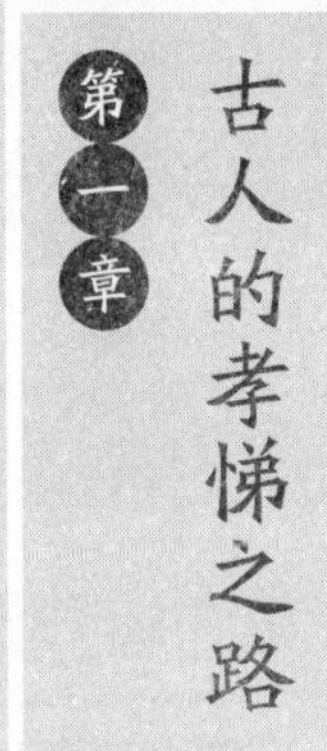

# 第一章 古人的孝悌之路

中华文化源远流长，其中的孝文化更是光彩夺目，令华夏子孙无不为之心仪。早在春秋战国年代，儒、道家就阐述了一系列的孝悌思想，初步形成了孝文化。西汉时期，汉文帝刘恒积极推崇“以仁德治天下”的方略。所谓的仁德，其根本就是孝悌。这一策略的推行，对当时的治国安邦起到了举足轻重的作用，比如史上有名的“文景之治”等。从此以后，各家族的家训、家书乃至治家格言，莫不以孝道为核心，呈现出美丽多姿的文化奇葩。孝道一度被提到了持家和治国的重要位置，有关孝道的经典著作汗牛充栋，异彩纷呈，孝子更是层出不穷，从此孝文化成为了中华民族的传统道德准则之一。

# 古代圣贤孝论
GU DAI SHENG XIAN XIAO LUN

一次,孔子与曾子讨论孝悌时,孔子强调要把孝悌作为处世最基本的要求。他说:“夫孝,德之本也,教之所由生也。身体发肤,受之父母,不敢毁伤,孝至始也,立身行道,扬名于后世,以显父母,孝之终也。夫孝,始于事亲,中于事君,终于立身。”意思是说:孝道是人品德的根本,孝道的产生源于教育。一个人的身体,包括头发肌肤都是父母给的,要十分珍惜,不能随意毁坏伤害,这是孝的基本要求。履行孝道开始于对父母的孝敬,然后忠诚为君王和国家做事情,这即是大孝。孔子的这番话,阐述了小孝与大孝的辩证统一关系。即孝道从孝敬父母开始,此为小孝;忠心耿耿为君主和国家做事情,即是大孝。小孝与大孝没有本质的区别,只有具备小孝的人,才能从事大孝。孔子的这个观点后来被历代君主作为考核官员的重要依据。从东汉开始,朝廷规定凡在职的官员有父母去世,必须离职归家守孝,叫做“丁艰”或“丁忧”。只有等到丧期结束,才可重新复职。倘若有官员的父母去世而隐瞒不报不回家守孝,一经发现就要受到撤职查办处理,永将为人们所不齿。如遇军国大事皇帝不让官员回家守孝,被称为“夺情”,如官员遵旨仍然任职的话,会被士人攻击为有悖人伦,承受极大的舆论压力。科考期间,如有考生的父母去世,丧期内不得应考。如有“匿丧”,被发现后会受到严厉处分,也毫无前途可言了。古人之所以如此重视孝道,正如孟子所言:“老吾老以及人之老,幼吾幼以及人之幼。”一个不孝敬父母的人,长大后也不会成为栋梁之材。

孔子认为:作为人子,首先要记住父母的年龄,更要奉养父母、尊敬父母。他说:“父母之年,不可不知也,一则以喜,一则以惧。”所谓喜,是为父母高寿应该感到高兴;之所以惧,指为父母年龄的逐年增大而有所恐惧。因为年龄大了,随时都有可能生病或者死亡。因此,更应该多关心孝敬父母。孔子的这番话,意在告诫我们孝敬父母不可以等待。

墨子认为,“孝”不仅仅局限于爱自己的双亲和长辈上,还应包括爱民利众。他说:“亲贫,则从事乎富之;人民寡,则从事乎众之;众乱,则从事乎治之”。不仅如此,墨子还进一步认为,利亲应先从他人之亲考虑,只有“先从事乎爱利人之亲”,人才能“报我以爱利吾亲也”。墨子将孝行作了进一步的延伸,指出行孝不但是自己的双亲,还应包括尊敬爱护他人,一切以民众的利益为出发点。

道家的《文昌孝经》从自然宇宙观出发,指出人自然生命承载体的可贵。其精髓是父母生育子女受尽艰辛,养育子女耗尽心血,子女应该体恤孝敬父母,并以此道推己及人。指出若能如此,不但能保全自身天性,还可获得上天赐福科举成功,乃至证果得道。这部孝经,是道家弘扬孝道的经典之作。老子从纯净的道法自然观出发，认为孝道是人应有的自然天性，无需通过教化才有。老子的这种孝道观，与《劝孝歌》中的“不孝其亲，不如禽兽”的意思如出一辙，将孝道视为人类固有的天性。但道家也不否认孝行的人为因素，道家的代表人物吕洞宾在《劝孝文》中说：“我能孝自无逆子。子能孝，子无逆孙，绳绳克继，叶叶永昌，善孰大焉，利孰厚焉。”意思是：你怎样对待你的父母，你的子女就怎样对待你，这是永恒不变的定律，请时刻牢记！

佛家弘扬的孝道推崇的是菩萨道思想，认为孝道不只是事亲，其更高层次在于修身养性，严守“五戒十善”。诚如佛经所言：“孝名为戒”，将孝行视为持戒，大戒以孝为先。即便是出家修行的佛家弟子，以慈悲为怀，悯爱众生，众善奉行，使得父母在家无忧无虑，没有烦恼和痛苦，快乐平静地生活，此便是孝。

《华严经》对孝道也有一个基本的定义，主张“不为自己求安乐，当愿众生得离苦”。在佛家看来，“一切男人是我父，一切女人是我母”。比如做道场为众生消灾去祸超度亡灵，被当作是最大的孝行；身在庙宇时刻为父母祷福保平安，也是孝道；诚心祭祀菩萨供养“三宝”，也是孝行。尽管佛家提倡的孝道十分广泛，其核心在于一个“善”字，只要奉行善意，悯爱苍生，即是孝举。

《弟子规》是清康熙年间秀才李毓秀所著，它以《论语·学而》为中心，重点列述了幼童在家、外出、待人、接物与学习上应该恪守的守则。其首句就是“弟子规，圣人训，首孝悌，次谨信，泛爱众，而亲仁，有余力，则亲文”。把孝悌放在了做人的首要位置。紧接着告诉孩子们要怎么样来做到孝悌：“父母呼，应勿缓。父母命，行勿懒。父母教，须敬听。父母责，须顺承……”

等等这些,对幼童尊敬父母谨守孝道,具有较好的教育意义。

中华文化博大精深,孝文化更是根深蒂固瑰丽多彩。从古至今,在孝文化的影响和熏陶下,中华儿女以身作则谨守孝道,出现了许许多多流芳百世的孝子典范,深受世人的敬仰和传颂。

## 源远流长的孝文化
YUAN YUAN LIU CHANG DE XIAO WEN HUA

孝道是中国古代社会开始提倡的基本道德规范。从发掘出远古时代的甲骨文中，就出现了“孝”字，也就是说在公元前十一世纪前，华夏先民就有了孝的观念。倡导养老敬老的史料可追溯到两千多年前的西周王朝，比如《诗经》中有“哀哀父母，生我劬劳”“哀哀父母，生我劳瘁”的咏叹。西周时期，统治者主张敬天、孝祖、敬德、保民，重视尊老敬贤的文化，要求每个社会成员都要恪守君臣、父子、长幼之道。就是说在家孝顺父母尊敬长辈；在社会上尊老爱幼举荐贤能；为官要忠于君王报效朝廷。那时候朝廷就作出规定：官员到了七十岁不再执掌政事，由国家把他们奉养在各级官学，相当于现在的疗养院。同时还规定，家里有八十岁的老人，可免除一名男子的兵役和徭税；家里有九十岁的老人，则全家的兵役和徭税全部豁免。若是父母有丧，那么可以免除这个家庭三年的兵役和徭税，以便让家人安心恪守孝道。到了春秋战国时代,尊老爱幼上升为伦理道德观,形成了较为完整的思想体系。《论语》《孝经》成为儒家弘扬孝道的经典著作,圣人之言根深蒂固地根植于中华大地。

秦朝以后,历朝历代都注重从正面褒扬孝子,弘扬孝道。汉朝把孝道融入了执政理念,主张以孝治天下。朝廷选拔官员,均以孝道作为首要标准。西汉、东汉一共经历了二十八个皇帝,驾崩后谥号多加有“孝”字。唐朝时,科考不一定要熟读五经,但《论语》《孝经》不可不读,因为考试内容多取自于该经书内。唐玄宗甚至亲自批改《孝经》,《孝经》也因此成为《十三经注疏》中唯一一部由皇帝注释的儒家经典。宋朝对孝道非常重视,上升到个人品德及社会名声的高度,如果谁因贪恋官位而置双亲于不顾,要被世人唾弃。按照宋朝礼律,父母去世其子必须守丧三年,无论你官居何位,除非皇帝因某种原因不愿让大臣回家守孝,即“夺情”,否则必须离职守孝。为了昭示孝道,我国历朝都有类似的规定:凡需赡养老人者,官府可以减免其徭役和赋税,有罪者可以减轻其刑罚;同时都把“不孝”定为十恶大罪之一,不肯抚养甚至辱骂殴打父母或祖父母者,都要被官府严厉处治,甚至处以绞刑和腰斩。

明朝是一个非常集权专制的王朝,但同时也是一个非常重视道德教育的王朝。之前的历史上,一直奉行“女子无才便是德”。到了明朝,女子接受《孝经》教育成为了一种文化现象。据史料记载,早在西汉时期,匡衡也曾主张向女子推行《孝经》教育,但没成气候。后来北宋的王安石变法,使《孝经》成为了童蒙教材。明朝沿用北宋祖制,将《孝经》作为女子学习的必须范文,或父母传授,或聘请“姆师”家教。如此一来,不少女子通过学习《孝经》,较好地提升了道德观。她们中大都能相夫教子,孝敬公婆,尊长爱幼,友于妯娌兄妹，对促进社会进步，培育子女成为有用之才，起到了不可低估的作用。比如著名清官海瑞的母亲谢氏，就是一个很好的例证。

海瑞的父亲是个浪荡子弟，一生没什么作为，在海瑞四岁时便去世了。海瑞的母亲谢氏是个知书达理的女子，并熟读《孝经》。丈夫去世后，她没有再嫁，一心要把海瑞培养成才。她含辛茹苦省吃俭用，将海瑞送进学堂，并以其丈夫为反面教材，激励海瑞要堂堂正正做人，将来做个有作为的男子汉。在她的教育和熏陶下，海瑞终于成为了明朝史上著名的清官。海瑞虽然三次被罢官，谢氏不但没责怪他，反而鼓励他做人就得这样刚正不阿。明王朝类似于海瑞一样的清官不少，说到底，与受《孝经》影响的严父慈母的教育有莫大关系。

# 介子推割股忠君

JIE ZI TUI GE GU ZHONG JUN

孔子说："其为人也孝悌，而好犯上作乱者，未之有也。"意思是懂得孝顺父母的人，才能孝敬国家，不会干违法乱纪的事。在古代，君王就是国家的象征，提倡要像孝敬父母一样来忠于君王。

春秋战国时期，晋献公后宫争权夺利十分激烈，妃子骊姬为了让自己的儿子奚继承王位，使尽手段迫害其他王子，当时的太子申生被迫自杀。申生的弟弟重耳看到哥哥惨遭迫害致死，为了躲避祸害，带了一帮臣子流亡出走。流亡其间，重耳受了不少苦，除了少数几个忠心耿耿的心腹，其他大部分人丢下重耳自寻出路去了。在留下来的臣子里面有个叫介子推的人，对重耳十分忠心。有一次，重耳饿晕了过去，介子推在找不到任何食物给主子充饥的情况下，从自己腿上割下一块肉，用火烤熟了给重耳吃，重耳醒来后发现吃的是介子推大腿上的一块肉，感激得流下了泪。十九年后，重耳回国做了君王，也就是当时春秋五霸之一的晋文公。

晋文公执政后，自然没有忘记给那些追随他的臣子们封赏，但独独把介子推给忘了。后经人提醒，晋文公才让人去请介子推，但连着请了好几次，介子推都没有来。于是晋文公决定亲自登门去请，到了介子推家，有人报告介子推已经背着老母亲躲进了棉山，也就是今山西介休县东南的一片山林。晋文公没有办法，只好命军队上山寻找。在搜寻无果后，有人给出了个主意，说要想逼介子推出来，唯有放火烧山，可三方点火，留下一方，到时介子推必然会从这方出山。晋文公觉得这办法不错，只得下令烧山。结果熊熊大火将整个山林烧了个遍，也没见介子推的影子。后来发现，介子推和母亲抱着一颗烧焦的大柳树已经身亡。又发现在柳树的树洞里藏有一块写在衣襟上的血诗："割肉奉君尽丹心，但愿主公常清明。柳下做鬼终不见，强似伴君作谏臣。倘若主公心有我，忆我之时常自省。臣在九泉心无愧，勤政清明复清明。"晋文公见诗后，不禁泪如雨下，后悔放火烧山，并以隆重葬礼将介子推母子安葬于柳树下。为了纪念介子推，下诏将这一天定为寒食节。规定以后每年的这一天，只吃瓜果一类寒食，禁忌烟火。从此后，晋文公常以这首血诗激励自己治理国家，终于成就了一方霸业。

第二年的寒食节，晋文公素服徒步到山上哀悼介子推，来到介子推坟前一看，竟然发现那棵大柳树奇迹般地复活了。晋文公于是掐下柳枝编成一个圆环戴在头上以示怀念，又把第二天定为清明节。从此以后，寒食节这天家家吃冷食。每逢清明节，家家都要到先人坟前插柳以示怀念。

# 李密辞官奉亲

LI MI CI GUAN FENG QIN

李密是晋朝出了名的大孝子，他写的《陈情表》，令无数人潸然泪下。

李密幼年丧父，母亲改嫁后，由祖母刘氏抚养成人。由于李密从小聪明好学，博览五经，尤其对《春秋左传》熟记于心，深得官家的赏识。年轻时任蜀汉尚书郎，多次出使东吴，其名贯四方。蜀亡国后，一直在家奉养祖母。这期间，官府多次让他出来当官，他以奉养祖母为由予以拒绝。后来司马炎执意召他到朝廷任太子洗马，太子洗马是辅佐太子、教太子政事、文理的官员，官居三品。太子意味着是未来的皇帝，可谓前途无量，换作一般人，那可是可遇不可求的美差。然李密仍不为所动。为了不至落个忤逆之罪，他向朝廷递交了一份《陈情表》。在《陈情表》中，字字感人肺腑，句句动人心弦，字里行间闪耀着中华民族最宝贵的美德，即孝悌。

《陈情表》大意是说：臣子李密陈言：臣子因命运不好，小时候就遭遇到了不幸,刚出生六个月,我慈爱的父亲就不幸去世了。经过了四年,舅父强行改变了母亲原想守节的志向。我的奶奶刘氏,怜悯我从小丧父又多病消瘦,便亲自对我加以抚养。臣子小的时候经常有病,九岁时还不会走路,孤独无靠,一直到成人自立。既没有叔叔伯伯,也没有哥哥弟弟,门庭衰微福气少,直到很晚才有了儿子。在外面没有比较亲近的亲戚,在家里又没有照管门户的僮仆。孤孤单单地自己生活,每天只有自己的身体和影子相互安慰。而祖母刘氏很早就疾病缠身,常年卧床不起,我侍奉她吃饭喝药,从来就没有停止侍奉离开过她。

到了晋朝建立,我蒙受着清明的政治教化。前些时候太守逵,推举臣下为孝廉,后来刺史荣又推举臣下为秀才。臣下因为没有人照顾我祖母,就都推辞掉了,没有遵命。朝廷又特地下了诏书,任命我为郎中,不久又蒙受国家恩命,任命我为洗马。像我这样出身微贱地位卑下的人,担当服侍太子的职务,这实在不是我杀身捐躯所能报答朝廷的。我将以上苦衷上表报告,加以推辞不去就职。但是诏书急切严峻,责备我逃避命令,有意怠慢。郡县长官催促我立刻上路;州官登门督促,十万火急,刻不容缓。我很想遵从皇上的旨意立刻为国奔走效劳,但祖母刘氏的病却一天比一天重,想要姑且顺从自己的私情,但报告申诉又不见准许。我是进退维谷,处境十分狼狈。

我想圣朝是以孝道来治理天下的,凡是故旧老人,尚且还受到怜惜养育,何况我的孤苦程度更为严重呢?而且我年轻的时候曾经做过蜀汉的官,历任郎中和尚书郎,本来图的就是仕途通达,无意以名誉节操来炫耀。现在我是一个低贱的亡国俘虏,实在卑微到不值一提,承蒙得到提拔,而且恩命十分优厚,怎敢犹豫不决另有所图呢?但是只因为祖母刘氏已是西山落日的样子，气息微弱，生命垂危，朝不保夕。臣下我如果没有祖母，是活不到今天的，祖母如果没有我的照料，也无法度过她的余生。我们祖孙二人，互相依靠，相濡以沫，正是因为这些，我的内心实在是不忍离开祖母而远行。

臣下我今年四十四岁了，祖母今年九十六岁了，臣下我在陛下面前尽忠尽节的日子还长着呢，而在祖母刘氏面前尽孝尽心的日子已经不多了。我怀着乌鸦反哺的私情，企求能够准许我完成对祖母养老送终的心愿。我的辛酸苦楚，并不仅仅是蜀地的百姓及益州、梁州的长官所亲眼目睹、内心明白，连天地神明也都看得清清楚楚。希望陛下能怜悯我愚昧至诚的心，满足臣下我一点小小的心愿，使祖母刘氏能够侥幸地保全她的余生。我活着当以牺牲生命，死了也要结草衔环来报答陛下的恩情。臣下我怀着牛马一样不胜恐惧的心情，恭敬地呈上此表以求闻达。

晋武帝看了《陈情表》，立时被李密的孝心打动了，赞叹李密“不空有名也”。不仅同意李密暂不赴诏，还嘉奖他孝敬长辈的诚心，赏赐奴婢二人，并令所在郡县发给他赡养祖母的费用。

## 包拯尽孝弃仕途

BAO ZHENG JIN XIAO QI SHI TU

家喻户晓的青天大老爷包拯，不但铁面无私不畏强权，还是个受人敬仰的大孝子。为了赡养年老的父母，他曾勇于抛弃仕途，传为千古美谈。

包拯的父亲包令仪系北宋真宗时期的进士，曾任惠安县令，后来任过朝廷虞部员外郎，掌管冶炼、茶、盐的生产，又曾做过陪都南京(应天府，今河南商丘)留守等。死后，朝廷追赠他为刑部侍郎。包拯出生在这样一个官宦家庭，自幼受到良好的教育，从小就性格耿直，知书达理，并以孝闻名。宋仁宗天圣五年，时年二十八岁的包拯以其优异成绩考中进士，任八品大理寺评事，后出任建昌(今江西永修)知县。赴任时，他本想带父母一同前往，以方便照顾，奈父母年纪已大，不愿离开故土。考虑到和州离老家庐州相邻，包拯便请求朝廷改任为监和州税，但父母仍不肯随行。包拯不愿丢下父母不管，想到为国尽忠之日尚长，而行孝之日渐短，于是向朝廷请辞官职,留在老家一心照顾父母。

宋仁宗接到包拯的请辞后,一方面为他的孝心所感动,另一方面也因为他辞官而深感遗憾,便迟迟没有准奏。可包拯辞官奉养双亲的举动传开后,受到了朝中许多大臣的交口称赞,一致奏请皇上同意包拯辞官回乡照顾父母。就这样,包拯在皇上的恩准下,在家侍奉双亲。侍奉父母的七年时间里,包拯亲自为父母端茶送水,亲力亲为侍奉左右,其孝行得到了乡亲们的一致称赞。直到父母相继去世,他又坚持守墓三年,赢得了“墓旁孝子”的美誉。包拯三十八岁那年,皇上召他入朝,在乡亲们的力劝下,他才重新踏入了仕途。虽然职务多变,但他清正廉明,秉公执法的品行,得到了全社会的一致赞扬,因而职务一路擢升,先后任开封府尹、御史中丞、三司使等,最后官至“一人之下,万人之上”,并成为历史上著名的“包青天”。因其忠孝两全,死后被朝廷追封为“孝肃公”。其高尚品德和孝子情怀,一直为世代人民所赞颂。

# 以仁孝治国的朱元璋

YI REN XIAO ZHI GUO DE ZHU YUAN ZHANG

明太祖朱元璋尽管以诛杀忠臣著称，但仍不失为一名以仁孝治国的皇帝典范。他颁发的“圣谕六言”即孝顺父母、恭敬长上、和睦乡里、教训子孙、各安生理、毋作非为等行为规范，对治国安邦具有积极的推进作用。

在选拔人才上，朱元璋下旨把孝道作为选人用人的主要标准，故此“由布衣而登大僚者不可胜数”。为重孝道，甚至到了可以屈法的程度。比如说山阳地方有个人犯了法，按律当以杖刑。然其子是个孝子，主动要求代父受罚。此事被朱元璋知道后，下旨免除了杖刑，并当即将其父释放回家。

朱元璋的父母兄长先后死于一场瘟疫，为此，远在军营的朱元璋曾啮指滴血，要寻找父母指骨。称帝后，于洪武三年九月诣大庙时，则自称“孝子皇帝”，并诏令在乾清宫左边建奉先殿，供奉四代神位衣冠，每天明灯焚香。每逢初一、十五及节日、生日、忌日等，他都要亲自前往祭祀。为了弘扬孝道，下诏在泗州城为祖父母修建陵寝，陵号“祖陵”。又命儒臣编辑《孝慈录》颁行天下，重拾举孝廉制度。朱元璋虽然没有像唐明皇和清顺治那样亲著《孝经》，但他却用他的孝心、孝行及孝道观而成为封建帝王重孝道的杰出代表。在他的首倡和影响下，全国对孝道的褒扬一直伴随至明王朝统治的终结。

朱元璋不但以孝行昭示天下，也很注重对子孙的教育。他明白，光有仁孝的皇子还不行，必须得有好的贤内助。于是当他听说中山王徐达的长女贤淑后，便将徐达召到宫中说：“朕与你是布衣之交，自古以来君臣相互投合的，一般都成了姻亲。闻你有个这么好的女儿，朕想将燕王朱棣与她婚配。”徐达一听，自是满口答应。后来朱棣登上了帝位，即明成祖皇帝，不久徐氏被封为皇后。徐皇后没有辜负先祖的厚望，她对朱棣说：“每年南北征战不止，兵民都已疲惫不堪，现在应当让他们休养生息。”又说：“当今贤才都是高皇帝所留，陛下不应当以新疏旧。”又说：“尧帝施行仁治是从自己的亲人开始的。”朱棣对她的进言总是给予嘉奖并以采纳。当初，徐皇后的弟弟徐增寿经常将朝廷的情报暗中送到燕地，因此被朱允炆所杀。朱棣感激徐增寿昔日的相助之恩，准备追赠爵位给他。徐皇后知道后，极力表示反对。朱棣不听，继续封徐增寿为定国公，命其子徐景昌继承爵位，然后才告诉徐皇后。徐皇后听说后喃喃道：“这并非臣妾的意愿啊！”最终没有跪恩。徐皇后任人不唯亲的美德，传为千古美谈。当然了，徐皇后的仁孝更表现在她的助夫理政上。有一天，徐皇后问朱棣：“陛下准备与哪些大臣治理国家？”朱棣说：“六卿管理政务，翰林院研究政策，草拟文稿。”徐皇后谢过恩后，将这些人的夫人都召集起来，赐给她们冠服及钱币，并对她们说：“妻子侍奉丈夫，不光是吃穿问题，还应当有其他的事情。若是朋友的话，可以依从，也可以违背，夫妻间就不一样了，说的话只要委婉顺耳，对方容易听进去。我朝夕侍奉皇上，唯以百姓生计为念，你们也要鼓励你们的丈夫，以江山社稷为重。”不但如此，还摘录《女宪》《女诫》，写成《内训》二十篇，又类编古人的嘉言善行，写成《劝善书》，颁行天下。

永乐五年(1407 年)七月，徐皇后病重，她仍不忘劝告朱棣爱惜百姓，广求贤才，对宗室要以恩礼相待，不要骄养外戚。又告诫皇太子朱高炽说："以往北平将校之妻为我负戈守城，我很遗憾没有机会随皇帝北巡，去对她们一一加以慰劳了。”当月初四，徐皇后去世，年仅四十六岁。朱棣十分悲痛，在灵谷、天禧二寺为她举行大斋，接受群臣的祭祀，由光禄寺准备祭奠物品。十月十四日，朱棣封其谥号为仁孝皇后。

# 孝字当头的曾国藩

XIAO ZI DANG TOU DE ZENG GUO FAN

晚清重臣曾国藩不但集军事家、理学家、政治家与一身，也是一位孝字当头的著名人物。

咸丰八年，曾国藩的湘军在开始扭转劣势之时，却不幸于三河之役遭受惨败，其弟曾国华和将领李续宾等人皆阵亡。曾国华是曾国藩最得力的助手，他的死，使曾国藩心如刀割，不仅是失去了一员战将，同时也担心影响家族的未来。于是他写信告诫弟弟们记住三点："第一贵兄弟和睦；第二贵体孝道；第三要实行勤俭二字。"在曾国藩看来，要振兴家业，必须孝顺长辈，用孝顺祖父母的爱心来爱叔父；用孝顺父母的爱心来爱温弟（指曾国华）的妻妾儿女以及兰、惠二家。曾国藩不但要求家人对长辈要孝顺，自己更是身体力行。

有一次,曾国藩从别人口中得知母亲患了牙疾,但家信中没有提及到这事,于是强调下次来信一定要详细告知母亲的病情。后来,收到母亲病逝的消息,他悲痛万分之下脱下官服披麻戴孝,只带了一名仆从急忙赶回老家,跪在母亲灵前痛哭不止。正当曾国藩准备亲送母亲灵柩上山后在家守孝时,咸丰帝召他立刻回朝有紧急军务。接到谕旨后,曾国藩想到母亲的灵柩尚未安葬,便立即写折辞谢皇恩,请求在籍为母亲守制尽孝三年。后来在好友郭嵩焘的再三劝说下,曾国藩才不得已赴京履命。临行前,他再三嘱托曾国荃和曾国华,代为在家为母守孝。后来,曾国藩为没能亲送母亲上山而深感遗憾,每当念及此事,不由潸然泪下。

曾国藩不仅对生身父母刻尽孝道,对乳母也十分孝敬。其乳母逝世后,他写了一副"一饭尚铭恩,况曾保抱提携,只少十月怀胎;千金难报德,即论人情物理,也当泣血三年"的挽联,以寄托对乳母的怀念和哀思。曾国藩不但自己以身作则,对弟弟们也极是注意引导和教育,督促他们做人要以孝道为重,不但要孝敬父母,也要友爱尊重长辈。所以在他的影响下,曾氏家风颇受世人传颂。

## 细致入微的孝道典范

XI ZHI RU WEI DE XIAO DAO DIAN FAN

曾子是春秋时期鲁国人,他与父亲曾点都是孔子的学生。曾子不但学识丰富,也非常孝敬他的父母亲。尤其是他顺承亲意,养父母之志的孝行,成为后世普遍赞美和效仿的典范。

曾子的孝行,表现在他细致入微想父母之所想上。比如说每餐吃饭时,曾子会细心观察父母的饮食口味和习惯,将父母喜欢吃的食物牢牢记在心里,以备及时购买。所以,曾点夫妇总能吃到可口的饭菜。曾点深受圣贤的教训熏陶,平时喜欢乐善好施,经常接济贫困人家。对于父亲的这种习惯,曾子也同样铭记在心。所以每次父母用过饭后,他都要毕恭毕敬向父亲请示,这次余下的饭菜该送给谁。在曾子的心目中,时刻想到的都是父母的需要。父母喜欢的一切东西,他都会记在心中,以便尽量满足父母的心愿。曾点喜欢吃羊枣,曾子每逢外出,都要给父亲带回家。直到曾点去世后,曾子睹物思人，看到羊枣，就想到父亲在世时的情景，心中不免勾起无限的伤痛。从那以后，他再也不吃羊枣了。

有一次，曾子的妻子蒸梨给婆婆吃，梨还没熟，她就端给了婆婆。曾子对此十分生气，说她不孝，愤而把妻子休了。从此，曾子一边侍奉老母亲，一边父兼母职，通过言传身教，把儿子曾元教育得非常好。后来曾元也成了一代贤人。曾元长大成人后，因思念母亲，请求父亲把母亲接回家。而曾子并不答应。他说：人一生最重要的是无过于他的德行，而德行的根本在于孝道。一个女子嫁到丈夫家，最重要的是要孝敬公婆，教育子女，辅佐丈夫。

在曾子看来，为人妻母连蒸梨这种小事都处理不好，又怎么能承担整个家庭的责任呢？怎么能尽到儿媳、妻子、母亲的本分呢？如此下去，会导致家门不幸，也会影响到后世子孙。所以与妻子分离，是不得已而为之。曾元听到父亲这样说，自然理智地认同了父亲的看法。

曾子不但对于奉养父母的身体非常重视，即使在日常生活中，言语行为中，也非常的谨慎，唯恐有辱父母养育之恩。同时，曾子更是留意教育好自己的学生谨守孝道，时刻以自己的修养来做学生们的行为典范。

曾子一生秉承孔子的教诲，专心致力于弘扬孝道。同时也用自己的孝行告诉后人，如何顺承亲意，又如何将孝道落实到日常生活中。他所传述的《孝经》，流传千古直至如今。

纵观天下父母，无一不希望子女孝顺自己。然而孝道的根本在于德行，所以说必须首先提升子女的道德学问，让他们明白做人的道理。唯有这样，才不会辜负父母乃至国家的殷切期望。

## 一座以“孝”命名的城市

YI ZUO YI “ XIAO ” MING MING DE CHENG SHI

汉朝时，有一个闻名的孝子，姓董名永。他家里非常贫困。他的父亲去世后，董永无钱办丧事，只好以身作价向地主借钱，埋葬父亲。丧事办完后，董永便去地主家做工还钱，在半路上遇一美貌女子。女子拦住董永，要董永娶她为妻。董永想起家贫如洗，还欠地主的钱，就死活不答应。那女子左拦右阻，说她不爱钱财，只爱他人品好。董永无奈，只好带她去地主家帮忙。那女子心灵手巧，织布如飞。她昼夜不停地干活，仅用了一个月的时间，就织了三百尺的细绢，还清了地主的债务。在他们回家的路上，走到一棵槐树下时，那女子便辞别了董永。相传该女子是天上的七仙女。因为董永心地善良，七仙女被他的孝心所感动，遂下凡帮助他。有诗颂曰：葬父贷孔兄，仙姬陌上逢；织线偿债主，孝感动苍穹。

湖北的孝感因孝子董永卖身葬父、行孝感天动地而得名。这也是全国唯一一座以“孝”命名的城市。董永卖身葬父孝感天地是《二十四孝》这本古书中的一孝，中国人都知道这个故事，代代以此激励为人要讲孝道，要尊老、敬老、孝老。著名的黄梅戏曲《天仙配》，便是依此创作而成。很多外国人看了《天仙配》，都说这是中国五千年文明历史的体现。

除董永卖身葬父外，《二十四孝》中的另“二孝”黄香扇枕温衾、孟宗哭竹生笋也发生在这里。

汉朝的时候，有一个叫黄香的人，年纪才九岁的时候，就已经懂得孝顺长辈的道理。每当炎炎的夏日到来时，他用扇子对着父母的帐子煽风，让枕头和席子更清凉爽快，并使蚊虫远远地避开，让父母可以更舒服的睡觉；到了寒冷的冬天，他就用自己的身体让父母的被子变得温暖，好让父母睡起来时觉得暖和。因此，黄香的事迹流传到了京城，号称“天下无双，江夏黄香”。江夏就是今天的孝感市云梦县，孝子黄香就出生于此。黄香后任郎中、尚书郎、尚书左丞，又升任尚书令，任内勤于国事，一心为公，晓熟习边防事务，调度军政有方，受到汉和帝的恩宠。后出任魏郡太守，于水灾发生时以自己的俸禄赏赐来赈济灾民，广受尊敬。

三国时期，孝感另一个有名的孝子叫孟宗，幼年他母亲病重要吃竹笋，来到竹林，然而寒冷的冬天哪来竹笋，急得小孟宗号啕大哭。孟宗的孝心感动了天地，一会儿地就裂开了，冒出许多竹笋。孟宗采回家里，做了笋羹，给母亲吃。等到吃完，他母亲的病症竟然完全好了，人家都说这是孟宗至孝得来的福报。后人有诗云：“泪滴朔风寒，萧萧竹数竿；须臾冬笋出，天意报平安。”

孝感自古就是孝子之乡,仅明清以来孝感县志记载的有名有姓的孝子就有 493 名。在董永、黄香、孟宗三大孝子事迹的感召下,孝感人民祖祖辈辈潜移默化地接受"孝文化"的熏陶,自觉学习孝子精神,视敬养父母为天经地义的责任,涌现出了许许多多的当代孝子。

自 1996 年以来,孝感连续举办了三届"十大孝子"和首届"十大孝亲敬老小天使"评选活动。评选出的"十大"孝子享受市级劳模待遇,同时在养老保险上给予优待。

这些现代孝子,既继承了古代孝子的孝道精神,同时又具有鲜明的时代特征:爱国守法,明礼诚信,团结友善,勤俭自强,敬业奉献,是新时期的道德楷模。

# 第二章 孝心常在品自优

孝行是一缕温暖和煦的阳光，可消融凝结于长辈心头的坚冰；孝心更是一剂良药，能痊愈父母一生饱经沧桑留下的创伤。从十月怀胎到抚育儿女成人，哪个父母没经历一番难以言喻的痛楚？儿时的索取，成年后回报父母皆理所当然。乌鸦尚且懂得反哺，何况人乎！一个聪明的人，固然深谙其中的道理；然一个重孝道的人，自然是一个品德优秀的人。毋庸置疑，孝顺父母，尊敬长辈，其实也是在善待自己。人生不过是这世上的匆匆过客，没有谁能青春永驻。父母的今天便是我们的明天，当我们老了的时候，不要因为曾经的任性而空自悲切！

## 孝心体现德行
XIAO XIN TI XIAN DE XING

关于孝的定义，先哲孔子有了一个比较精准的定义，他说："夫孝，德之本也，教之所由生也。"意思是孝心是人的品德之根本，但孝心不是天生的，而是通过后天的教育才有的。有一次，孟武伯向孔子请教什么才是孝，孔子说："父母唯其疾之忧。"意思是儿行千里母担忧，何况是疾病？做子女的要保护好自己的身体，不要让父母担忧，这即是一种孝行。子游向孔子请教什么是孝，孔子说："今之孝者，是谓能养。至于犬马，皆能有养；不敬，何以别乎？"是说如今的人认为能够供养父母衣食就是行孝，但家中的狗和马一样也有人供养，难道也是行孝！如果对父母没有一颗敬爱之心，那又如何分别出人与禽兽的关系呢？又有一次，子夏向孔子问孝，孔子说："色难。有事，弟子服其劳；有酒食，先生馔，曾是以为孝乎？"意即是说，晚辈在长辈面前时刻保持恭敬和悦的神色恐怕有些难。当有什么事情时，晚辈去做；当有丰盛的美食时,先由长辈吃,能做到这些也算是孝顺了。孔子对孝悌的这些观点,不能不说非常贴切,乃至今天,仍有着积极的现实意义。

孔子宣扬的孝道观,成了他思想体系的一个主旋律。他不但教育门下弟子和世人要以孝悌为道德根本,他自己更是一个很孝顺的人。孔子三岁时,父亲叔梁纥就去世了,母亲颜徵年轻时开始守寡,将所有精力放在了抚养和教育孔子身上。为了养育孔子,颜徵吃了很多苦,终因积劳成疾,在孔子十七岁时就去世了,她当时还不到四十岁。孔子为没机会孝敬父母而非常难过,之后一提到父母就十分痛心。所以他一再告诫弟子们,父母在世时,要秉持恭敬的孝心,努力做好一个儿子应该做的事情。并说"父母之年,不可不知也,一则以喜,一则以惧"。就是要记得父母亲的生辰,父母健康地活着,应该感到高兴。但同时父母随着年龄的增大,终有一天会离去,应感到恐惧才是。

孔子有个叫宰予的弟子有些不解地问孔子:"听说父母去世了要服三年丧,可我觉得一年就够了。"孔子说:"父母去世还不到三年,你就吃白米饭,穿锦缎衣,你心里安不安呢?"宰予毫不犹豫答道:"能心安。"孔子一听,气得脸色发白,训斥道:"你要是觉得心安,你就去做吧。一个有德行的人,父母去世后的几年里会吃美味不爽口,听美妙音乐也感觉不到快乐。你既然心安理得,就去那样做好了。"宰予走后,孔子对大家说:"宰予说的是什么话!小孩子生下来后,父母要在怀里抱他三年。子女为父母守孝三年,难道还不应该!宰予难道就没得到过父母的爱抚吗?"

的确,父母的养育之恩堪比海深,做子女的不可不报。而报恩的形式无非是恭敬地赡养父母,极尽人伦之道。《论语》里说:"君子务本,本立而道生;孝悌也者,其为人之本与。"孝心是做人的根本,而孝心更体现人的德行。一个连父母都不知孝顺的人,品德自然低下,固然也就失去人之本性了。

## 孝道重在尊敬
XIAO DAO ZHONG ZAI ZUN JING

很多时候,人们以为孝心就是不饿着冻着父母就行了。其实这只是一方面,真正的孝心是要有一颗尊敬之心。不遗余力尊敬父母,方是真的孝道。

东汉时期,有个叫茅容的陈留人,年逾四十了只是个普通的农夫。但是他对母亲非常孝顺,为了不让母亲饿着,无论天气怎么不好,他都坚持在地里辛勤地劳作着,期望有个好的收成来孝敬母亲。

有一天,茅容在地里耕作,忽然狂风暴雨袭来。其他的农夫都聚在树下谈笑风生,只有茅容坐在一旁不拘言笑。这时候,有个叫郭林宗的儒生从这经过,见茅容气质不凡有些特别,便停下来与茅容交谈。没说几句,郭林宗被茅容的谈吐所敬服,二人越谈越投缘,一直到雨过天晴夕阳西下。茅容邀郭林宗到家住宿，郭林宗见茅容本质好又有潜质，不想就此离去，便点头同意暂住一晚。做晚饭的时候，茅容杀了一只鸡，郭林宗以为他是杀鸡招待自己。没想到鸡做好后，茅容把一钵鸡肉一分为二，一份留下来给母亲下顿吃，另一份端到了母亲跟前，他自己与郭林宗吃的是山肴野蔬。郭林宗不由肃然起敬，大加赞叹："你真是现代的贤士啊！我家老母尚在，若有宾客来，好菜是要先招待宾客，不敢单独孝敬母亲。你此举足可以看出你的孝心是出于天性，不会因为客人而改变。如此看来，我是自愧弗如！"茅容歉意地笑了笑，刚想说什么，郭林宗开怀大笑道："圣人云：君子之交淡如水，你这个朋友我是交定了。"于是主动提出教茅容学习圣贤之道，茅容潜心向学，此后茅容因学问出众而闻名乡野。后来官府邀请他出来做官，他一概回绝。一边读书耕作一边孝敬母亲，被当地人称为"高士"，其孝名被广为流传。

有颗孝心并不难，难的是处处能将父母长辈放在首位，这便是尊敬之心。有好东西让给父母享用，看起来简单，但并不是人人都能做到的。茅容孝敬母亲的故事让我们明白了一点：真正的孝心是一种发自内心的感恩之情，不会因为任何场合而改变。倘若茅容杀鸡为的是待客，固属常情，自然感动不了儒士郭林宗。

欧阳守道是宋朝吉州人，家道贫寒，从小没钱上学，但他又天生好学，只得在家里刻苦自学。通过几年的不懈努力，学识已是很渊博。加上他为人忠厚，乡亲们信任他，便推举他做了私塾的先生。欧阳守道教书十分尽力，不少学生的家长为了表示答谢，就邀请他去自己家里吃饭。

欧阳守道每当受邀吃饭时，只吃蔬菜，荤菜留在一旁。学生家长有些不解，便夹荤菜给他吃，欧阳守道还是不吃，让学生家长把这些荤菜替他包好带回家。起初有的人心中有些纳闷，一个知书达理的教书先生把荤菜带回家，也太不文雅了吧！后来才知道欧阳守道之所以这样，是把荤菜拿回去孝敬父母了。因为他已形成了一个习惯，无论吃什么好菜，都要先让父母品尝。了解到这一情况后，很多学生家长深受感动。以后每逢请他吃饭，首先准备好一份荤菜装入器皿，让他带回去孝敬父母。

且不论欧阳守道的举动如何，但他对父母的这份浓浓尊敬之情，确实值得每一个人敬佩。

# 守善是孝道之本

SHOU SHAN SHI XIAO DAO ZHI BEN

俄国著名作家托尔斯泰曾说过："没有单纯、善良和真实，就没有伟大。"他所说的伟大，包括人的思想品德。法国著名学者卢梭也说："善良的行为有一种好处，就是使人的灵魂变得高尚了，并且使它可以做出更美好的行为。"可见，善良是人类的一种美好品德。这种品德，固然包括对父母的孝心。或者说只有心地善良的人，才能够勇于担负起孝敬父母的责任，更不会视父母为累赘。

清朝时，长江口外的崇明岛上，有吴氏四兄弟，小时候因家境贫困，吃了上顿愁下餐。他们的父母亲为不致他们饿死，不得已把他们卖给富家为童仆，以求一条生路。他们长大后，个个勤奋节俭，先后赎出卖身契，回到家乡，合力盖起房舍并各娶妻成家。这时，他们已理解当日父母之苦心，故争相供养父母，以示不忘养育之恩。开始规定每家供养一月。后来，贤惠孝顺的妯娌们认为隔三个月才能轮到自家供养，嫌时间太长了，故改为每家供养一日。以后又改为从老大起每人供养一餐，依次排下。每隔五天，全家四房老少合聚一起，共烹佳肴，奉养父母。席上子孙、儿媳争相端菜敬酒，百般孝顺。二位老人安享天年，福寿近百岁无病而终。这个事例说明，吴氏四兄弟之所以不嫉恨父母当初的决定，完全理解父母是出于无奈。如今孝敬父母，故理所当然。正因为有这片善心，才出现了争相赡养父母的佳话。

《太上感应篇》中说："善人，人皆敬之，天道佑之，福禄随之，众邪远之，神灵卫之，所作必成。"意思是善良的人，必会心想事成，连神灵也会护佑他。

相传晋代有个叫焦化的人，是个有名的孝子，平日里对年老的父母关怀备至，照顾得十分周到。有一年的冬天，焦化的父亲生了重病，焦化日夜服侍父亲，然病情迟迟不见好转。一天，焦化的父亲说想吃西瓜，这可难坏了焦化，这严寒的冬天上哪去找西瓜呀？焦化为此急得茶饭不食，一心想觅得一瓜满足父亲的愿望。一天晚上，他想着想着就睡着了，只听一人对他说："我给你送瓜来了。"焦化接过西瓜，乐呵呵别提有多高兴了，这一笑就笑醒了。他睁眼一看发觉是一场梦，不禁有些失望。然又感觉手中捧着个圆滚滚的东西，一摸真的是个大西瓜。他高兴得一跃而起将西瓜送到父亲床前。他父亲吃了西瓜后，精神好了许多，竟然慢慢痊愈了。

后来，焦化孝顺父母的事迹被西秦王乞伏干归知道了，西秦王深为感动，想将女儿许配于他。焦化却推辞说：公主身份高贵，我没能力让她过上好的生活，哪有资格娶公主为妻。于是婉拒了这门亲事。其实焦化主要的不是担心这些，他只是觉得孝顺父母是儿女应做的事情。西秦王自然也明白焦化的想法，非但没生气，还越发喜欢他，任命焦化担任了朝廷尚书民部朗之职。

虽然神人送瓜的故事未免有些神话色彩，但不容置疑的是，心存孝道的人，必是良善之人，正如老子所言：善人必会受到人神共敬。

## 理解父母深沉的爱
LI JIE FU MU SHEN CHEN DE AI

父亲额上的每一道皱纹,象征着儿女成长的道路;母亲头上的每一根白发,浸润着为儿女操劳的辛酸。父爱如山,母爱似海。能用心去理解父母深沉的爱,就会坚信孝敬父母责无旁贷。

德国著名心理学家海林格的父亲是一位腿有残疾的人,看上去平淡无奇,而他母亲是个漂亮贤惠且又能干的女人。海林格总是想,母亲怎么会嫁给这样一个人呢!于是,平时从不把父亲放在眼中。

有一次,海林格所在的中学举行学生篮球赛,作为篮球队主力的海林格,希望母亲能去观看。母亲笑了笑说:"这肯定没问题,我和你爸爸都会去的。"海林格摇头说:"我只希望你一个人去。"母亲很是惊奇,问道:"这是为什么?"海林格勉强笑道:"我总觉得,一个残疾人站在场边,尤其还是我爸,会影响赛场氛围。”母亲叹了口气说:“你是嫌弃你的父亲了。”刚好这时他父亲走过来说:“这几天我得出趟差,有什么事,你们商量着去做就是了。”

海林格所在的参赛队在比赛中得了冠军,回家的路上,母亲高兴地对海林格说:“要是你父亲知道了这个消息,一定会很高兴的。”海林格沉下脸说:“妈,我们不提他好吗?”他母亲一听有些不高兴了,反问海林格:“你必须告诉我这是为什么!”海林格满不在乎地笑了笑,说不为什么,就是不想提起他。母亲开始变得凝重起来,对海林格说:“孩子,有件事我再隐瞒下去,很可能会让你伤害到你父亲。你知道你父亲的腿是怎么残的吗?”海林格摇摇头说:“我不知道。”母亲说:“那一年你才两岁,你父亲带你去花园里玩,在回家的路上,你左奔右跑,忽然一辆汽车急驰而来。你父亲为了救你,冲上前把你推开,可他的腿被碾压在汽车轮下。”说到这,母亲泪如雨下。海林格立时呆住了,说:“这怎么可能?”母亲说:“这是事实,只是这些年你父亲一直不让我告诉你罢了。”停了一会,母亲又说:“你可能还不知道,你父亲就是你喜欢的作家威廉。”海林格一听,惊讶得跳了起来说:“您说什么?他怎么可能是威廉,我不信。”母亲说:“你不信的话,可以去学校问你老师。”为了解开这个疑团,海林格一口气跑到了学校,老师面对他的疑问,笑了笑说:“这都是真的,你父亲不让我们向你透露这些,是怕影响你的成长。你现在既然知道了,那我告诉你,你父亲是一个伟大的人。”

两天后,威廉回来了。海林格慌忙问父亲:“您就是大名鼎鼎的作家威廉吗?”他父亲笑了笑说:“我就是写小说的威廉啊!”海林格有些羞愧,但还是拿出父亲写的一本书请父亲签名。威廉在书的扉页上写道:“赠海林格:生活其实比什么都重要!威廉。”

威廉所说的生活,自然包括珍爱生活勇于向上。多年以后,海林格成为了一名出色的记者和心理学家,当有人请他介绍成功的经验时,他说得最多的一句话就是父亲的赠言:生活比什么都重要。

很多时候,我们往往不能理解父母的一片苦心,父母多唠叨几句,就显得不耐烦;父母恨铁不成钢,就认为是父母看不起自己。要知道,父愿子成龙,哪个父母不爱儿女?又有哪个父母不希望儿女出人头地呢?无论是什么样的父母,既然生下了你,辛辛苦苦把你拉扯大,就是希望你将来有所作为,这一点不容置疑。生活或事业中,即便父母对你有所误会,也要抱着宽容的态度。之所以误会,必有误会的前提条件。只有努力理解父母,主动与父母沟通,坦开胸怀,才有可能化解矛盾。唠叨也罢,恨铁不成钢也罢,父母为你所做的一切,都是希望你将来生活得更加美好。既然如此,父母年纪大了,有什么理由不能好好孝敬父母呢?

# 莫把父母当累赘

MO BA FU MU DANG LEI ZHUI

孝敬父母,是每个儿女应尽的职责。凡通情达理的晚辈,都会懂得如何孝敬父母和长辈,绝不会把父母当累赘而嫌弃。怎么样做到孝,我们的先哲孟子有过一段精辟的论述。孟子说:“事,孰为大?事亲为大;孰为大?守身为大。不失其身而能事其亲者,吾闻之矣;失其身而能事其亲者,吾未之闻也。孰不为事?事亲,事之本也;孰不为守?守身,守之本也。”大意是说:任何事情没有比伺奉长辈更重要的,任何的守身没有比善意更重大的。人有了善意,才能孝敬好父母,没有善意的人,是不会孝敬好父母的。所以,要行孝道,首先要守护善意。同时,孟子对什么是不孝,也进行了系统地概括。孟子说:“世俗所谓不孝者五。惰其四肢,不顾父母之养,一不孝也;博弈好饮酒,不顾父母之养,二不孝也;好货财,私妻子,不顾父母之养,三不孝也;从耳目之欲,以为父母戮,四不孝也;好勇斗狠,以危父母,五不孝也。”

孟子的孝道观,把行孝与为善有机地融为一体,指出了人性的根本属性。百善孝为先。一个没有善意的人,是很难做到诚心孝敬父母的。孝道作为品行的体现之一,千百年来备受人们的推崇。不孝之子被千夫所指,为人所不齿。比如说众所周知的江西省原副省长胡长清,自己花天酒贪得无厌,却每月只给老母一百元生活费。像他这样贪婪成性的人,固然无善意可言,自然也谈不上守孝道了。

现实生活中,有不少孝敬父母的例子堪称当代典范。曾影响广泛的广东 90 后青年邱炳强,17 岁时父亲患舌癌去世。尽管家庭条件十分困难,他仍以顽强的毅力,一边勤奋读书,一边帮母亲干些家务活。然天有不测风云,父亲去世的第二年,他母亲由于积劳成疾,导致颅内大出血。虽经抢救脱离了生命危险,但已造成半身瘫痪失语,丧失了生活自理能力,需要人长期护理。作为正在就读高中二年级的邱炳强,家中没有其他收入来源,自然请不起专人护理,便休学一年,在家一边照顾卧病在床的母亲,一边利用自己打毽球的特长赚点钱维持生计。2012 年,邱炳强读完三年高中参加高考,被武汉体育学院单招录取。这对于邱炳强来说,无疑喜从天降。但广东到武汉有千里之遥,患病在床的母亲怎么办?面对这样一个现实问题,邱炳强没有被难倒,他毫不犹豫地把母亲带到武汉体育学院,在学校旁边租了一间屋子,继续承担起照顾母亲的责任,并适时靠表演毽球技能赚些钱维持其生活来源。大学三年级时,邱炳强的母亲再次中风,病情加重。这时候的邱炳强没有屈服于命运的作弄,除了完成好功课外,夜以继日守护在母亲的病榻前。经过医院的救治和邱炳强的精心护理,他母亲的病情才有所好转。期间,武汉体育学院师生被邱炳强的孝行所感动,纷纷解囊相助。2014 年,邱炳强因为孝迹感人,得到了全社会的一致赞扬,被评选为“湖北好人”,进入孝星榜。

孔子曰:“今之孝者,是谓能养。至于犬马,皆能有养;不敬,何以别乎!”孝敬父母,不是简单的衣食供养。如果是那样的话,与饲养家禽没什么两样。行孝在于敬重,敬重包括精心守护,急父母之所难。那些对父母不管不顾,视父母为累赘的行径终究是遭人鄙视的。邱炳强的孝举,既是年轻一代的典范,也是全社会每个子女应学习的楷模。

# 孝顺贵在诚心
XIAO SHUN GUI ZAI CHENG XIN

孝顺不是那种山盟海誓,也不是一时一事,而是一如既往的赤诚之心。

南北朝时期的徐孝克,家境十分贫寒,父亲常年卧病在床,徐孝克整夜衣不解带侍奉父亲。父亲去世后,一心奉养老母亲,照顾得十分周到。时逢战乱,民不聊生。徐孝克为了老母亲不致挨饿,便到一个庙宇当了和尚,靠化缘乞讨来的食物供养母亲。徐孝克的孝名传到了当时的皇帝陈宣帝耳中,宣帝被他的孝行感动,任命他为国子祭酒,让他能够更好地奉养母亲。每当皇帝宴请群臣的时候,他不吃任何食物,把自己的那份留下来,等到宴席散后,再将食物带回家中。起初,陈宣帝觉得奇怪,就让管斌问一下怎么回事。管斌通过打听才知道,原来徐孝克把食物带回家是为了孝敬老母亲。陈宣帝问他:朝廷给你的薪俸难道还不够你供养母亲么?徐孝克说:谢皇上，已经够了。只是臣下形成了一个习惯，任何食物必须让母亲先吃后，为儿的才吃得下。陈宣帝一听非常感动，便特意下令，以后再遇宴请群臣的时候，准许徐孝克把他母亲爱吃的食物挑出来带回家。

据说徐孝克做官都尚书时，官府中有闹鬼的传闻。每当黄昏时分，官府便有怪声出现。居住在官府有几人不明不白死亡。自从徐孝克到任后，官府中再没有闹鬼了。有人说，徐孝克的孝行不但感动了皇上，连鬼怪也被感动了。虽然这只是个传说，也说明致诚孝心是能感化天下苍生的。

东汉初年，山东临淄有个叫江革的人，从小失去了父亲，家中只有他与母亲相依为命。时逢天下大乱，盗贼四起。强盗行窃不仅抢劫财物，还把男丁抓去强迫入伙。江革为了躲避灾祸，背着腿脚不灵的老母亲四处流浪。一路上，母子俩风餐露宿，吃尽了苦头。尽管这样，还是遇着好几拨强盗要将江革掳去入伙。每遇这时，江革苦苦哀求强盗，求看在老母亲需要自己赡养的份上，放过自己。那些强盗尽管穷凶极恶，见江革如此重孝，深为感动，也不再为难他。其母去世后，江革悲痛异常，在母亲的墓旁结草庐一间，整整守了三年墓，甚至睡觉也不愿脱下孝服。

江革的孝心深受四面八方的乡邻们齐声称道，官府也赞扬江革的品德，举荐他做了孝廉。但江革淡泊名利，宁愿守在母前墓前自食其力，也不愿为官。皇帝知道这件事后，敬其人品，下旨将江革召到朝廷，任命他为谏议大夫。江革可谓是一步登天做了朝官。上任不久，因怀念母亲，江革执意辞官回到草庐继续为母亲守墓。皇帝欣赏江革的品德，诏令朝廷仍按谏议大夫的俸禄发给江革，以褒扬天下孝道。

## 孝心需要换位思考

XIAO XIN XU YAO HUAN WEI SI KAO

明朝年代，浙江绍兴山阴有户杨姓人家，娶了一个童养媳叫刘兰姐。刘兰姐虽然只有十二岁，却很明事理，对家人十分恭敬殷勤。而他的婆婆王氏却是个不孝的人，动不动就辱骂长辈，经常谩骂祖母“老不死”，言辞很是粗暴，恨不得老人及时死去才好。

一天晚上，刘兰姐来到王氏房里，双膝长跪不起。王氏问她发生了什么事，刘兰姐泣泪道：“儿担心婆婆不敬太婆婆，日后媳妇将视为榜样。待你老了，也把你视为‘包袱’，那时你会多伤心啊！太婆婆长命百岁是我家的福星，不可以嫌弃，儿媳恳求您三思！”王氏一听媳妇的话，觉得很有道理，立时恍然大悟，滚下床扶起刘兰姐道：“好儿媳，以前都是为娘的不是。”从此以后，王氏对婆婆孝敬有加，而刘兰姐对婆婆亦是如此。

都说父母恩深似海,在父母眼中,儿女永远都是心头肉。儿女饿了,宁愿自己饿着也要先让儿女吃饱;儿女受冻,想方设法也要让儿女穿暖;儿女受了委屈,会陪着暗暗掉泪。等等这些,是每个父母对待儿女的深沉挚爱。作为儿女,能像父母爱自己一样爱父母吗?其答案恐怕是要大打折扣的。

谁都有老去的那一天,父母的今天,就是我们的明天。你今天怎样对待你的父母,将来你的子女也会怎样对待你,这是一个不容置疑的定律。你今天对父母不孝,将来你子女对你不孝的时候,你心里会是种什么滋味?

孝敬父母并非天生的,关键是要懂得换位思考。以父母的今天想到自己的明天,这样才能肩负起孝顺的担子。能够事事换位思考推己及人的人,不但能够孝敬好父母和长辈,也会得到全社会的认同,其事业也会蒸蒸日上。

有一位老教授一生爱好收藏,早年收藏了许多名贵字画。他的老伴早年就去世了,三个儿子都已经出国,很少回来看他。老人一直很寂寞,所幸的是他有个学生经常来陪伴他照顾他。老教授死后,三个儿子才匆匆从国外赶回来。律师宣读老人立下的遗嘱,将大部分古董都留给了这个学生。三个儿子有些不服,然老人在遗嘱中说:"在我人生的晚年,是他陪在我身边照顾我,陪我度过了寂寞的晚年。我的三个儿子尽管牵挂我,但只是说在嘴上,没有谁来陪伴我照顾我。"面对这份遗嘱,老教授的三个儿子无言了。不管这个学生主动陪伴老人,是抱着感恩的心情还是看上了老教授的古董,他能够在老人最需要人陪伴的时候无怨无悔地陪伴老人,本身就是一种令人称道的美德。金钱有价,孝道是无价的,倘若没有他的出现,或许老人的晚年会不快乐。老教授的三个儿子在看过父亲写下的遗嘱后,愧疚难当,终于明白了父亲。不仅没有追回父亲赠给学生的古董,还很感谢学生替他们代守孝举。

父母给予了我们生命,又含辛茹苦把我们抚养成人,孝敬父母是我们每个人不可推卸的责任和义务。但真正的孝心不是挂在嘴上的甜言蜜语,也不是金钱所能替代的,而是行动的对接和心灵的契合。到了生离死别的那一天,不但父母会含笑九泉,身为人子也会倍感心安,不会留下任何遗憾。

# 正确理顺婆媳关系
ZHENG QUE LI SHUN PO XI GUAN XI

家庭和睦,子女必孝顺。婆媳关系是家庭和睦的基石,一般情况下,家庭婆媳关系好,这个家庭多为父母欢心,子女孝顺。若是婆媳关系不好,矛盾重重,这个家庭很难有孝顺可言。古代时,有不少媳妇孝敬婆婆的例子,堪称典范。

明朝年间,有个叫吴子桂的人家里很穷,妻子冯氏对婆婆张氏十分孝顺,而张氏对冯氏很是不好,时常为一点小事情,动不动就辱骂她。冯氏全当没听见一样,仍然对婆婆很孝顺,没有一点怨言。左邻右舍很是不平,相约一起要去劝张氏。冯氏知道后,把她们拦住了,说:“婆婆之所以对我不满意,说明我还有做得不够好的地方,如果你们去劝我婆婆,说明是我婆婆的错,那晚辈我就是大不敬了。”吴子桂的两个弟弟都娶了媳妇,由于经常受婆婆的气，产生了寻死的念头。冯氏把她们召到一起委婉地加以劝解，说婆婆年纪大了，她对我们有意见，是因为我们做得还不够好。嫁鸡随鸡，我们既然嫁到了吴家，就是婆婆的亲闺女。女儿对待亲娘，还有什么好怨恨的呢？两妯娌在她的影响带动下，对婆婆格外孝顺了。后来，张氏深深地被冯氏感化了，对三个儿媳妇视之为亲闺女，不再为难她们。两妯娌感激嫂嫂的教导之恩，从此以后对冯氏就像对母亲一样敬爱。

宋朝时，有个叫崔少娣的女子嫁到了苏家。她的丈夫共有兄弟五人，四个哥哥都娶了媳妇。由于人多嘴杂，妯娌之间矛盾重重，经常为一点小事吵吵闹闹。崔氏初到苏家时，家人都替她担忧。按照当时的规矩，小的要侍奉大的，何况四个嫂嫂个个都不是省油的灯。崔少娣到了苏家后，既贤惠又勤奋。嫂嫂们不愿做的事，她争着做；嫂嫂们缺少什么东西，只要她有的，主动送上门；每次吃饭时，公公婆婆和嫂嫂们没到齐，她不伸筷子。为了照顾公公婆婆，她几乎承担了大部分家务。有时，面对婆婆和嫂嫂们的怨言，她总是一笑了之，从不还嘴。久而久之，她的这种美德感动了全家人，也博得了邻居们的一片赞誉。四个嫂嫂见最小的弟媳都能这样大度，不好意思再闹下去，个个向崔少娣看齐。这样一来，原本不团结的家庭变得和睦友好起来。

如何理顺好婆媳关系，其实并不是很难。就如上面列举的两个古代故事一样，作为儿媳妇，首先要摆正位置。婆媳毕竟是属于两代人，处事的观点方法不一样可以理解。作为儿媳妇，要多理解长辈的心情和难处，哪怕是婆婆的言行有些出格，也不要去斤斤计较，多检查自己的不足，多想想自己将来也许会当婆婆。要明白:不敬婆婆,不但伤害了丈夫,也是在伤害自己。遇事能换位思考推己及人,才能化解矛盾和纠纷。作为婆婆,无须对儿媳求全责备,更不要一味袒护儿子。你爱儿子,妻子更爱丈夫。他们有他们的生活方式,他们有他们的未来计划,你无须从中插一杠。你要做的就是“装聋作哑”,静心过好自己的小日子。

现实生活中,也有不少孝敬公公婆婆的好儿媳。笔者曾亲眼目睹一件事,那是在一次下乡时,听村民在议论一件事,说黑皮堂客红英是个百里挑一的孝顺儿媳。我们问怎么了,村干部介绍说:红英的确是个孝顺女人,比如昨晚的半夜突然下大雨,只建了一层平顶楼的黑皮家,雨水顺着水泥板缝隙直往下滴。因来不及避挡,黑皮父母房间满地都是水,床上的被子全被淋湿了。此时正值初春,天气比较寒冷。由于家里穷,没有多余的被子拿来换,红英二话没说,抱着自己床上的被子放到二老床上,又将二老身上淋湿的衣服换下来用火烘干。这一晚,红英和丈夫黑皮几乎一夜未合眼。被子给了两位老人后,夫妻二人生起一堆火,靠烤火御寒。平时,红英总是把荤菜让给老人吃,自己吃的是素菜。尽管家中经济不怎么宽裕,红英想方设法,也要保障公公婆婆每顿饭有荤菜。这方圆几十里,说起红英孝敬公婆的事,无人不知,无人不夸。

有人说,遇到婆媳关系僵化时,最难的是儿子和丈夫。作为儿子,不可能帮着妻子对付母亲;可作为丈夫,又不能向着母亲委屈了妻子。在这个时候,只有保持冷静克制,劝慰双方息事宁人。当然,若妻子为一点鸡毛蒜皮的小事无理取闹忤逆长辈,必须要严加管教。

## 德行构筑福报
DE XING GOU ZHU FU BAO

司马迁在《史记·留侯世家》中记载道："良尝闲从容步游下邳圯上，有一老父，衣褐，至良所，直堕其履圯下，顾谓良曰：'孺子，下取履！'良愕然，欲殴之。为其老，强忍，下取履。父曰：'履我！'良业为取履，因长跪履之。父以足受，笑而去。良殊大惊，随目之。父去里所，复还，曰：'孺子可教矣。后五日平明，与我会此。'良因怪之，跪曰：'诺。'五日平明，良往。父已先在，怒曰：'与老人期，后，何也？'去，曰：'后五日早会。'五日鸡鸣，良往。父又先在，复怒曰：'后，何也？'去，曰：'后五日复早来。'五日，良夜未半往。有顷，父亦来，喜曰：'当如是。'出一编书，曰：'读此则为王者师矣。后十年兴。十三年孺子见我济北，谷城山下黄石即我矣。'遂去，无他言，不复见。旦日视其书，乃太公兵法也。良因异之，常习诵读之。"

这就是历史故事《张良拾履》的来源。张良是韩国的贵胄公子，因派遣刺客在博浪沙刺杀秦始皇未遂，避难异地，静心读书，等待时机。张良之所以不厌其烦为一个不相识的老人拾鞋穿鞋，又三次赴约毫无怨言，与他尊老谦恭的德行有莫大的关系。张良的祖父张开地和父亲张平曾先后任过战国时期韩国的相国，从小受到良好的教养。韩国被秦国灭亡后，张良散尽家财，决心要雪国耻。正是得益于老人黄石公传授《太公兵法》，张良认真阅读，终于学到了运筹帷幄、决胜千里的本领，才成就了他后来的功绩。黄石公故意刁难，倘若张良经受不住考验，也就不可能得到那本给他带来智慧也带来人生转折点的兵书。可见，一个人以一种怎样的德行入世，都会有回报的。

乐于助人，尊敬他人，是一种发自内心的品德和修养。这种品德和修养，需要从小时候开始加以培养。《三字经》里有“窦燕山，有义方，教五子，名俱扬”的话，就是对一个叫窦燕山的人教育子女经验的总结。窦燕山原名窦禹钧，为五代后晋时期人，他老家在蓟州渔阳，也就是现在的天津蓟县。过去，渔阳属古代的燕国，地处燕山一带，因此后人称窦禹钧为窦燕山。

窦燕山出生于一个富裕家庭，从小娇生惯养，长大后以势压贫。贫苦人家向他借粮，他也是小斗出，大斗进，由此谋取不义之财。由于他净干缺德事，遭人怨恨，所以三十岁了，还没有子女。窦燕山很着急，这样下去，岂不是断了香火么？一天晚上，他作了一个梦，死去的父亲对他说：“你心术不正，心怀不端，若是不痛改前非，不仅没子女，也会短命的。你要赶快大积阴德，广行善事，只有这样，才能挽回天意。”窦燕山被梦中父亲的话惊醒了过来。从此以后，他改恶从善，再也不做缺德的事了。

一天，窦燕山在客栈中捡到一袋银子，为归还失主，他在客栈整整等了一天。失主回来寻找时，他将银两原封不动交给了失主。为了赎罪，窦燕山在家中办起了一所私塾，聘请名师任教。他主动把那些没钱上学的孩子接到私塾读书，免收学杂费。不但如此，又经常开仓放粮救济穷人。如此一来，窦燕山受到四方百姓的一致称赞。自此以后，他的妻子连续生下了五个儿子。他教育孩子们要注重品德修养，多行善事好事。在他的悉心培养教育下，五个儿子个个都成为了有用之才，先后登科及第。当时朝廷有个叫冯道的侍郎曾赋诗一首，称赞窦氏五兄弟："燕山窦十郎，教子有义方。灵椿一株老，丹桂五枝芳。"诗中所说的"丹桂五枝芳"，即是对窦家"五子登科"的评价和赞扬。

北宋景德年间，两名才华超群的神童被地方官同时推荐给了朝廷，一名叫晏殊，一名叫蔡伯俙。真宗皇帝听说有这等奇才，很是高兴，亲自接见他俩，要考考他俩的才学。若论才学，两人不相上下，若论品德，就大不一样了，这或许与他们的出身与家教有关。蔡伯俙一心要压倒晏殊，一看试题出得容易，就赶忙奋笔疾书起来。晏殊一见试题是十天前在家里做过的，就老老实实启禀皇上，请求另出个难点的题目。这样一耽误，蔡伯俙抢先交了试卷，他暗暗笑话晏殊是个小傻瓜。

真宗皇帝对两人的答卷都很满意，就破例封了他们两人官职，在朝廷陪同太子读书。皇太子年纪尚小，嬉戏贪玩，不愿读书，晏殊总是苦口婆心地规劝他，惹得皇太子有些生气讨厌他。蔡伯俙小小年纪就学会了逢迎，处处讨皇太子的欢心。宫里的门槛高，皇太子很难跨过去，蔡伯俙就趴在地上，让太子踩在自己的背上。后来真宗皇帝要检查太子的文章，太子写不出来，要晏殊代写一篇，晏殊认为这是弄虚作假欺骗皇上，所以没答应。一旁的蔡伯俙不等太子开口,就赶忙替他写了一篇,送给太子照抄一遍。真宗皇帝发现文章不像是太子写的,追问下来,晏殊只得如实禀报。这一下,晏殊得罪了皇太子,皇太子十分生气,恶狠狠地指着晏殊的鼻子骂道:“将来我当了皇上,就杀死你。”晏殊毫无惧色答道:“就是杀我的头,我也不能讲假话。”

后来,真宗皇帝死后,皇太子继位当了皇帝,即仁宗皇帝。蔡伯俙自以为和仁宗皇帝关系很好,一定会予以重用。谁知仁宗皇帝任命晏殊为宰相。蔡伯俙不服气,去问仁宗皇帝。仁宗皇帝说:“当年我年幼不懂事,现在知道了怎么样识别真正的人才。不错,你和晏殊都有才华,可是你为人不诚实,欠正派,让人放心不下,宰相身负国家重任,应该由晏殊这样德才兼备的人来担任。”蔡伯俙听了皇上这席话,心里像打翻了五味瓶,不知是什么滋味。

品德低下的人,再怎么八面玲珑,始终不为人看好;高尚的德行,才是处世的良方。

# 第三章 世上最不能等的是尽孝

人一辈子活三万天左右，谓不算很长。当儿时的记忆恍若昨天时，便已不知不觉间老去。这个自然法则，谁也无法抗拒。故而人生在世，过好每一天尤为重要。虽然人各有各的活法，但有一点不能忽视，就是不能忘记生养自己的父母。父母含辛茹苦把我们抚育成人，图的是老了以后心灵有所寄托生活有所依靠。老人最缺的不是金钱，最期盼的是家庭温馨，最怕的不是什么时候会死而是孤独寂寞。老人要求不高，即便是粗茶淡饭，只要子女有孝心多点时间陪伴左右，也会倍感欢心。身为人子，切莫以为钱物可以代替孝道，也不要以各种理由延误陪伴父母的机会。父母日渐老去，一旦阴阳两隔的那天，任何的愧疚都于事无补。所以说，世上最不能等的是尽孝。

## 父母是儿女最亲的人

FU MU SHI ER NV ZUI QIN DE REN

“身体发肤，受之父母”。父母给了我们生命，把我们抚育成人，这种恩情，是任何东西都无法比拟的。清末徐熙也在《劝孝歌》中写道：“十月胎恩重，三生报答轻。”意思是说，母亲怀胎十个月的恩情太重，即使用三辈子来报答都觉得太轻。不仅如此，在这个世界上，最关爱子女的莫过于父母。

当我们从呱呱坠地的那一刻起，母亲就一把屎一把尿毫无怨言地哺育着我们。她以鲜血化为乳汁，用青春作为代价，来呵护我们成长；当我们背起书包走进学堂的时候，是父亲用他那高大的身躯为我们遮风挡雨，这一路走来两鬓如霜就是时间的见证；当我们走上社会参加工作的时候，又是父亲用他那沧桑而又充满沙哑的嗓音，指导我们人生的目标和做人的原则，质朴的话语，简短的道理让我们终生受益；当我们遭遇挫折，回到家里，一个人不声不响地闷在房间里的时候，要知道房间外的父母此时是何等的纠结,何等的难过?他们也会很难过。他们唯一能做的就是默默地等待,等待你走出房间的那一刻,然后轻轻地说一句“没什么大不了,一切都会过去的”。可是作为儿女的我们,有时不会去珍惜,更有甚者会排斥这种爱。作为父母,不管孩子何种态度,都始终用那颗大海般的心来包容着我们;当我们到了成家的年龄时,她们又充当了月老的角色,为我们不辞辛苦地奔波着,忙碌着,张罗着婚事。这时的他们已经是历尽沧桑,或许满头青丝变白发,脸上也印上了岁月的痕迹,身体也许弯曲,但是却满脸洋溢着笑容,仿佛一生的愿望,毕生的心血在这一刻得到满足;当我们结婚后过着属于自己的生活、为自己的日子而忙碌时,也许会忽视父母的存在,而父母对儿女的爱依然如故,只求儿女平安幸福。这种亘古不变的爱,是任何力量也摧不垮的。

有这样一则故事:有个犯人叫刘刚,入狱一年了,从来没人来看他。眼看别的犯人隔三差五有人来探监,送来各种好吃的。刘刚眼馋,就给父母写信,不为吃的,就是想他们了。但发出的信如石沉大海,刘刚心灰意冷,他认为是父母不要他这个儿子了,心里十分绝望,甚至有破罐破摔的想法。正在这时,有人喊他:“刘刚,有人看你来了。”刘刚不知谁会来看他,到探监室一看,立时呆住了。看他的人是他妈妈。一年不见,都快变得认不出来了。才五十开外的人,头发全白了,腰弯得像虾弓,整个人瘦得不成样子,衣服也很破旧,一双脚竟然光着,满是污垢和血迹,旁边还放着两只破麻袋。没等刘刚开口,妈妈浑浊的眼泪就流出来了。她边哭边说:“小刚,信我收到了,别怪爸妈狠心,实在是抽不开身,你爸他——病了,我要服侍他。再说路又远,所以……”

刘刚看到母亲的双脚满是血迹,忍不住问道:“妈,你的脚怎么了?”监狱的干警告诉他说:“你妈是步行来的,鞋子早磨破了。”刘刚心一沉,步行?从家到这里少说也得四百里山路啊!他蹲下身子抚摸着母亲的脚,责怪道:“妈,你怎么不坐车,不买双鞋啊!”他妈妈装作不在意地说:“坐什么车啊!走路也蛮好的。唉,今年闹猪瘟,家里的几头猪全死了。天又干,庄稼收成不好。要是你爸身子好的话,我们早就来看你了。你别怪爸妈啊!”

刘刚低着头问:“爸爸身体还好吗?”刘妈擦着眼泪,半晌才说:“好,他让我告诉你,别牵挂他,好好改造。”刘刚此时再也控制不住了,号啕大哭起来。

这时,有个干警走进来劝道:“妈妈看儿子是喜事呀,应高兴才对,嘻嘻,让我看看大娘带了什么好吃的。”说罢拎起麻袋就倒。结果麻袋里倒出来的东西,令所有人都呆住了。

第一只麻袋倒出来的,全是馒头面饼什么的,五颜六色硬如石头,不用问,这些全是刘妈沿路乞讨来的;第二只麻袋倒出来一个骨灰盒,刘刚惊愣道:“妈,这是什么?”刘妈好半天才吃力地说:“那是——你爸!为了攒钱来看你,他没日没夜地打工,身子给累垮了。临死前,他说他生前没来看你,心里难受,死后要我一定带他来。”刘刚一听,如五雷轰顶,发出撕心裂肺的一声长啸:“爸,我改——”接着“扑通”一声跪倒在骨灰盒前,一个劲地用头撞地。

古人说得好:树欲静而风不止,子欲养而亲不待。这句话是告诫年轻人,父母健在的时候要好好孝顺他们,尽好自己的本分关心他们,不要等到父母长辈日暮残年时日无多了才想到要去孝敬;能够尽孝的时候多陪陪他们,不要等到想要陪伴照料的时候老人却已经离世了,给自己留下绵绵不绝的悔恨。

有的事可以等,因为人生确实有大把的时间;有的事却真的不能等,譬如孝敬老人。父母是儿女最亲的人,不要让这份爱成为等待。

## 不要给人生留下遗憾

BU YAO GEI REN SHENG LIU XIA YI HAN

春秋时期，孔子和弟子们出去游玩，忽然听到路边有人在啼哭，便上前察看。原来啼哭的人叫皋鱼，皋鱼哭诉道："我年轻时好学上进，为了求学，曾经游历各国，等我回来时父母已双双故去。作为儿子，当初父母需要侍奉的时候我却不在身边。如今我想要侍奉父母，父母却已经不在了。父母虽已经亡故，但他们的恩情难忘。想到这些，我内心悲痛，所以痛哭。"

孔子听了皋鱼的哭诉，对随行的弟子们说："你们应引以为戒，经历这件事，足以让人知道该怎么做了。"不久之后，孔子的弟子当中有十三人辞别回家赡养双亲。

"树欲静而风不止，子欲养而亲不待。"皋鱼的感叹，反映了一种社会现象。不少人总以为来日方长，等自己事业有成后再来好好孝敬父母。要知道，你有时间等，可父母不一定有时间等。父母随着年龄的增大日益老去，在世的时间会越来越少。如果不能趁父母在世时多孝敬些,必将留下终生遗憾。

著名作家老舍在《我的母亲》一文中写道:“生命是母亲给我的。我之所以能长大成人,是母亲的血汗灌养的。我之所以能成为一个不十分坏的人,是母亲感化的。我的性格,习惯,是母亲传给的。她一世未曾享过一天福,临死还是吃的粗粮。唉,还说什么呢?心痛!心痛!”老舍一连说了两个心痛,足见他对母亲的怀念之情。季羡林在《怀念母亲》中感叹道:“我这永久的悔就是:不该离开故乡,离开母亲。”季羡林的老家在鲁西北一个贫困的村庄,家庭十分贫困。在清华大学读书时,突然接到母亲去世的消息。赶回家时,看到母亲的棺材,他伏在棺材上一直哭到天明:“我后悔,我真后悔,我千不该万不该离开了母亲。”两位大师对母爱的愧疚之情,揭示了他们人性的伟大。

“慈母手中线,游子身上衣。临行密密缝,意恐迟迟归。谁言寸草心,报得三春晖”。唐代诗人孟郊的这首《游子吟》,歌颂了母爱的无私和伟大。父母给了我们生命,为我们付出的太多,孝敬父母天经地义。趁父母还健在的时候,让我们每个人尽一份力所能及的孝心,也不愧对父母的养育之恩。当代女作家毕淑敏在《孝心无价》中说:“我相信每一个赤诚忠厚的孩子,都曾在心底向父母许下‘孝’的宏愿,相信来日方长,相信水到渠成,相信自己必有功成名就衣锦还乡的那一天,可以从容行孝。可惜人们忘了,忘了时间的残酷,忘了人生的短暂,忘了世上有永远无法报答的恩情,忘了生命本身有不堪一击的脆弱。”

所以,孝敬父母不能等到所谓的功成名就之后。再大的事业,也不能影响了孝顺父母的真心。不要等到父母不在了,空留终生遗憾。

## 孝心比金钱重要

XIAO XIN BI JIN QIAN ZHONG YAO

从前，有个珠宝商很有名。他的名气不是因为他收藏的珠宝多、生意大，而是他的孝心感动了无数人。

有一天中午，几个老人来他店里要买些宝石，指着柜台里的宝石并给出了合理的价格。珠宝商摇头说现在不能卖，请老人们过一会再来。有生意不做，必有隐情，老人们认为珠宝商是借此抬高价格。但他们看中了这款宝石，于是给出了双倍的价格。但珠宝商还是不愿卖宝石。老人们只好出三倍的价格，可是珠宝商就是不卖，这些老人们没办法，气呼呼地走了。

几小时后，珠宝商找到那几个老人并请回店里，老人们仍然给出了三倍的价格。珠宝商却说："不，我只收你们第一次出的价格。"老人奇怪地问："那你为何当时不卖给我们呢？"珠宝商解释道："你们当时来的时候，我父亲正在睡午觉，宝石柜的钥匙在他身上，要拿宝石就得叫醒他。

父亲年纪大了，而且身体也不好，午休对他老人家来说很重要。所以在他午休的时候，我从不打扰他。即使你们给我一座金库，我也不能打扰父亲的休息。”

珠宝商的话，深深打动了这些老人们。他们不约而同地竖起大拇指，说像你这样敬爱父母的人，将来你的孩子也一样会敬爱你。的确，孝心不但是一种美德，更是一种传承。有道是父慈子孝，而孝心更是无价的。

生活中，人们往往会忽略珠宝商的这种美德。有可能为了一己之利，置父母于不顾，结果不但伤害了父母心，也为人所不齿。

有个独居老人七十大寿，他的一对儿女在外另住，本来说好携妻儿来给他祝寿。老人十分高兴，一早就买了许多菜，从早忙到晚，总算做好了满满一桌菜。老人一直等到黄昏，桌上的菜热了一次又一次，还是不见儿女们到来。老人痴等到半夜，只得和着泪水一人喝起闷酒来。第二天早上，当儿女先后赶到父亲家时，只见老父亲和衣躺在沙发上，脸色煞白。他儿子解释说：“爸，我昨晚临时加班到很晚，没来给您祝寿，对不起！”说罢将一个红包递到父亲跟前说：“我这有一千元钱给您，您留着买些好吃的吧！”他女儿也上前抹着泪眼说：“爸，你也晓得您外孙快要高考了，我昨晚陪他上英语补习班。我以为哥在家，又很晚了，所以就没来给您祝寿。这不，我给你买了些药，是治心脏病的。”说着将手中准备的药放到父亲跟前。老人双眼紧闭，挥挥手道：“这些我不需要，你们都拿回去，忙自己的去吧！”

很显然，这两个子女给老人心中留下的伤痕实在太大了。老人活到了七十岁，最终还有几年？能不能活到八十岁？谁也不知道。他的儿女以加班和陪伴儿子英语补习为重点，满以为金钱和礼品就能满足老父亲的心愿。其实，老人吃得了多少？又穿得了多少？老人需要的不全是金钱，而是陪伴。老人生日，儿女们能高高兴兴陪在他身边；老人生病了，床前有人守着。平时多看看多走走，陪着说说话唠唠家常。这些，就是老人们的最大心愿！

# 勿以父母论是非

WU YI FU MU LUN SHI FEI

孝顺父母,不主张毫无原则的愚孝。父母的话对与不对,自己要认真加以分辨。只要不是违法乱纪,要认真地去做。哪怕父母有些偏见,也不要当面顶撞,不要议论父母的是非,应从侧面心平气和与父母沟通。

晋朝时,山东临淄有个叫王祥的人是个远近闻名的孝子。他母亲去世的早,父亲便另娶了一房亲,叫朱氏,并生有一子叫王览。朱氏看不起王祥,有事无事百般刁难。家中有什么苦活累活,强迫王祥去做。稍有不如意,非打即骂。但是王祥并没有抱怨后母,对后母仍是孝顺有加。有一年冰天雪地,后母说想吃鲤鱼。可是河道水塘都结冰了,上哪去捞鱼呢?但王祥并不罢休,为了满足后母的要求,仰卧在河床的冰块上苦苦哀求,希望有奇迹出现。果然,冰块突然融化一个洞,从里面跳出来两条鲤鱼。王祥高兴极了,拿着鲤鱼高高兴兴回家供奉后母。然而后母并不以此感激王祥,仍对王祥十分的刻薄。遇下雨天，便要王祥守着屋后的果树不让果子掉下来，若掉下来让后母发现了，便想着法儿处罚他。也许是孝心感动了神灵，下雨天每当王祥护住果树，树上的果子就再不往地下掉了。

王祥长大成人结婚后，朱氏仍没收敛，不但虐待王祥，对王祥的媳妇也很不好。好在王祥的异母弟弟王览很是尊重哥哥嫂嫂，每遇哥哥嫂嫂受母亲的责难，王览都会出面干预。后来，王祥的学问和孝道闻名遐迩，很受世人尊重。朱氏担心王祥有出息了会报复自己，于是暗暗准备了一杯毒酒，想毒死他，以绝后患。这事被王览发现了，当母亲假意敬哥哥王祥的酒时，王览一把夺过酒杯要自己喝下去。朱氏一看急了，慌忙把亲生儿子手中的酒杯打落在地。通过这件事，朱氏颇受感动。她想，平日王祥对自己如此孝顺，而且他们兄弟关系那样好，自己这样做又何苦呢？想到这些，她不禁羞愧万分，抱住王祥和王览痛哭起来。

后来，王祥和王览都做了官。朝中有个官员十分敬重王祥的品德，送给他一把宝剑。说是持有这把宝剑的人，子孙后代必兴旺发达。王祥不想独享宝剑，将宝剑转赠了弟弟王览。自此后，王家连续九代荣华富贵。正所谓积善之家，必有余庆！

古人云："亲爱我，孝何难；亲憎我，孝方贤"。父母疼爱你，你孝敬父母就是很正常的一件事，父母憎恨你，对你不好，你还是继续孝敬父母，那才是真正的贤德孝顺的人。父母对我们恩重如山，不管父母怎样对待我们，都不要斤斤计较，更不要非议父母。父母跟我们出生的年代不同，必然经历的事情不同，故而看问题的方法也不一样。哪怕认为父母做的不怎么对，也不要当面冲撞。要知道，伤了父母的心，等于在伤害我们自己。孝心，是心灵的慰藉，不是金钱物资能完全取代的。

## 永远都不要嫌弃父母

YONG YUAN DOU BU YAO XIAN QI FU MU

随着年龄的增大，父母也许会变得又老又丑，甚至说话啰唆又不讲卫生，于是有的子女开始嫌弃父母。特别是在同事们面前，不愿意父母出现。一旦父母出现在“不该”出现的场合，仿佛丢了自己的脸，十分的不痛快。

西晋著名的地图学家裴秀，曾做过朝廷尚书令，被封为济川侯，是西晋时期的一代名臣。但同时裴秀也是最有名的孝子，因孝顺父母而受到大家的尊重。

裴秀小时候聪明好学，又十分孝顺父母亲。因他系父亲的小妾所生，正室宣氏很看不起母亲，常常欺侮母亲。有一次，裴父在家宴请宾客，宣氏想让裴母难堪，便令裴母亲自给客人端菜。那些宾客见裴母亲自为他们上菜，都纷纷站起来行尊重之礼。宣氏见了，知道是因为裴秀是个孝子，斐母才赢得了大家的敬重,从此不敢再看不起裴母了。

黄庭坚是北宋时期著名的书法大家,与苏东坡齐名,又担任朝廷的国子监、太史等官职,其显贵程度自然首屈一指。然黄庭坚孝敬自己的母亲,常常是亲力亲为,他不放心奴婢伺候老母亲。母亲生病的时候,衣不解带日夜守候在母亲身边,陪母亲聊天解闷。即便是平时,他也坚持把母亲的便桶洗刷得干干净净。伺候母亲的奴婢过意不去,劝黄庭坚休息一下,说这些事让她们来做。黄庭坚摇摇头说:"我小的时候母亲从来没嫌弃过我,为我擦屁股接尿。如今母亲老了,正是该我回报母亲的时候了。"

2013年的时候,萌萌背瘫痪母亲上大学的新闻轰动了国人,一度被传为孝敬母亲的佳话。原来,2011年,萌萌如愿考上大学,本来想大学毕业后好好孝敬父母,不料命运却与萌萌开了个玩笑。上大学第二年的九月,萌萌的母亲从地里秋收回来,突发脑溢血,经过十几天的抢救才脱离生命危险。萌萌只好请假回家照顾母亲,接屎接尿,把饭菜嚼成糊糊喂给母亲吃。为帮母亲恢复记忆,她还买来收音机给母亲放她喜欢听的豫剧。2013年寒假后,萌萌母亲病情好转。萌萌考虑到家里为母亲治病欠下的巨债,便与父亲商量,自己带母亲去上学,以便让父亲出去打工赚钱还债。来到学校后,萌萌在附近租了一间房,一边照顾母亲,一边上课。一天深夜,她突然被母亲的咬牙声惊醒,起床一看,母亲双眼紧闭,四肢抽搐,牙咬得"咯咯"响。萌萌赶紧叫醒房东,开车将她母亲送到了医院抢救。经诊断,她母亲患的是脑出血,情况十分危险。经过医院半个多月的抢救,才又一次脱离了生命危险。萌萌说:那些日子是她最恐惧的时候,害怕妈妈离开她。她说:"妈妈是我生命里最重要的人,再苦再累,只要有妈妈在,我就觉得幸福。"

是的，爸爸妈妈永远都是儿女最重要的人。是爸爸妈妈把自己带到了这个世界，自己才能享受到这世界多彩的生活。爸爸妈妈又老又丑了，是因为为了儿女们操劳一生，而留下的沧桑见证；爸爸妈妈爱唠叨，也是因为在父母眼中，儿女永远都是小孩子。所以，永远不要嫌弃自己的父母，他们为了儿女的成长，呕心沥血操劳一生。父母老了，该是子女孝敬他们的时候了。哪怕父母再没能耐，你也是他们抚养成人的。要知道从呱呱坠地的那一刻到成人需要付出多大的代价！多抽出一点时间陪陪父母吧！唯有好好孝敬父母，你的心灵才会得到安慰，才不枉为人子。

## 薄养厚葬是伪孝

BO YANG HOU ZANG SHI WEI XIAO

现在不少农村流行一种陋习，之所以称陋习，即是不正常的薄养厚葬方式。父母生前子女不孝，似乎问题不大。要是死后丧事不搞出点名堂，就有人说三道四了。就因为社会舆论的压力，人死后不论家里有钱没钱，都得大操大办，似乎场面越大，脸上才越光鲜，显得越孝顺。其实，要说这也算孝顺的话，只能算是伪孝。

老李妻子早故，独自一人把四个儿子拉扯大，且个个都有出息。大儿子靠养殖业致了富，次儿和三儿是教师，四儿是个村干部。按说老李的日子好过得很，老李也为此自豪过。不幸的是四个儿子成家后，老李形单影只，儿子们完全没把他当回事。他穿的破破烂烂，吃饭没人管，全靠种些蔬菜出卖维持生计。在老李八十岁这年，因为卖菜赶早集，不幸跌倒路边一个深坑，引发脑溢血而死。有人为老李庆幸，说要是久病的话，他肯定要吃苦受罪的。奇怪的是，老李生前四个儿子没有谁愿意赡养他，甚至跌倒患病也不愿出资抢救，然老李死后，四个儿子表现出了从未有过的慷慨大度，每人张口出资三万元为父亲兴办丧事，吹吹打打热闹了几天后，风风光光把父亲送上了山。有人说，老李家的丧事办得是最风光体面的，也有人摇头说，要是老李生前每个儿子愿意拿出一万元来给他吃穿，老李也不至于就这样死去。

父母在世时视之为累赘，死后丧事大操大办，的确是一种伪孝。这样的伪孝，希望越少越好。人应当明白，趁父母在世时多孝顺些，比什么都好。真心尽孝，不但对父母是一种慰藉，也会得到别人的称赞。

卫国大臣弥子瑕以超凡的谦恭和知书达理著称，得到了君王的宠爱。一天，弥子瑕突然得知母亲生病了，奏明国王已来不及，他顾不了那么多，伪称国王给予了特许令，便乘着国王的马车赶回家探望母亲。按当时的律令，不经国王同意偷驾国王的马车外出，要砍去腿脚。后来国王知道了这事，不但没怪罪他，还当着群臣说："弥子瑕多么孝顺啊！为了母亲，他宁愿犯断足之罪。"

## 时间和距离不是尽孝的障碍

SHI JIAN HE JU LI BU SHI JIN XIAO DE ZHANG AI

谈到孝敬陪伴老人,常听人说:我也想多多陪伴父母,尽尽孝心,可是又要忙上班,又得忙家务,七里八里,一天到晚忙得晕头转向,哪抽得出时间啊!这些人真的有那么忙吗?答案是肯定的。因为除了忙工作忙家务,还得忙娱乐忙应酬。生活本是丰富多彩的,说来哪些是不忙呢?

当年,时任外交部长陈毅元帅率团从国外访问归来路过四川时,抽出时间回老家探望母亲。陈毅的母亲年高病重,已瘫痪在床,生活不能自理。她听说儿子回来看他,非常高兴,于是挣扎着下床,忽然记起刚换下尿湿的裤子还放在床边,忙回头把裤子藏到床底。正在这时,陈毅大步跨进了房间,忙上前扶住母亲问过病情后,又笑问道:“娘,刚才见您往床底藏什么东西,那是什么呀?”母亲听儿子问起,只得说出了实情。陈毅呵呵笑道:

"娘,您久病卧床,我经常不在身边照顾您,心里非常难过,裤子让我去洗吧!"母亲拦住道:"儿子,你是做大事的,老远回来看我,快歇歇吧。"陈毅说:"我做儿子的平常没能守在娘身边侍候您,现在回来看您,洗洗裤子是应该的。"说罢把母亲的脏衣服全找出来泡到盆里,一边搓洗衣服一边与母亲说着话。

陈毅元帅肩负着党和国家的重任,可以说是日理万机为国操劳。但是他能在百忙之中抽出时间回家看望病重的母亲,且亲手为母亲搓洗脏衣服,足见其孝心厚重。

开国上将许世友未到十岁时父亲就去世了,母亲一手把他拉扯大。许世友十六岁那年误伤了一个财主的儿子,官府到处追捕他。投身革命后,官府几次抄他的家,许世友的母亲为了躲避灾祸,带着两个女儿逃到了外乡。一次部队行军中,许世友偶然发现了正沿街乞讨的母亲和妹妹,跪在母亲跟前泣不成声道:"娘,是孩儿不孝,连累您老人家无处藏身。"新中国成立后,许世友已是山东军区的司令员。许世友为了更好地孝敬母亲,决定将母亲接到身边亲自照顾。当母亲从吉普车里下来时,许世友叫了一声"娘",然后当着数十名官兵的面,双膝跪在了母亲跟前。母亲慌忙要将世友扶起来,说:"你如今是个大官了,当着这么多人面跪我一个老太婆,多不好!"许世友却说:"我当再大的官,还是您的儿子。您让我多跪会吧,这样我心里会好受些。"为了让母亲度过幸福的晚年,许世友一有点滴时间就陪伴在母亲身边,堪称孝敬母亲的一大典范。

清朝乾隆年间,安徽桐城方观承千里探亲的故事,至今被人们传为佳话。

方观承的祖父和父亲曾是朝廷命官，因文字狱被人诬陷，被流放到黑龙江充军服役，其家产也被没收充公。年幼的方观承兄弟无依无靠，只得到寺庙中栖身。但方观承日夜思念祖父和父亲，他向长老提出请求，要前往边陲看望长辈。长老念其二人年幼，且路途遥远，不放心他们前往。方观承却坚持说："祖父和父亲被发配边陲，对我们自是不放心。我们兄弟若去看望，定会给二老一些安慰。虽然路途远点，我们能走到。还请长老恩准我们启程。"长老见他们执意要去，不好阻拦，便送其路费，千叮万嘱要他们注意安全。就这样，方观承兄弟俩风餐露宿跋山涉水，几个月以后，终于见到了祖父和父亲。

所以说，时间和距离都不是尽孝的障碍。要说有的话，也是心与亲人的距离远了，个人贪图享乐的欲望占据了首位。

# 孝敬父母不能等待

XIAO JING FU MU BU NENG DENG DAI

都知道孝敬父母是儿女的天职,也都明白自己终将老去,希望儿女将来有孝心。从概率上看,真正能对父母孝顺的也就三分之一左右;有三分之一的人只想自己过得好，根本就没想过怎么让父母度过愉快的晚年;另外的三分之一很想对父母尽孝道,但总是以经济条件不宽裕、工作和事业太忙为由,百般搪塞。他们会信誓旦旦地说:等我发财了,有时间了,一定会好好孝敬陪伴父母的。这话不是没一点道理，问题是你年轻等得起,父母亲能等到那一天吗?时间一天天过去,父母亲也一天天老去。真要到了你成为富翁的时候,父母亲不一定健在了。即便还在,也许什么都咬不动了。到了那时,你还有多少孝敬的机会呢?其实,孝敬父母,不是说天天的山珍海味供养父母。父母能吃得了多少!又能花得了多少钱!只有让父母亲心情愉悦才算大孝,饿了,有人给他们做上可口的饭菜;寂寞了,有人陪他们说说话;衣服被子脏了,有人为他们换洗;生病了,有人陪伴照料。这些,并不是很难,难的是缺乏一颗尽孝的孝心。

有个公司的老总多时没见到母亲了,有些思念,于是特意乘飞机回老家探望母亲,与母亲说说话,陪母亲逛逛街。

回家的第二天,公司来电话说有紧要事情需要他回去处理。正当他左右为难时,母亲说:"我们一起去超市买些鸡蛋吧!"老总只好点点头。这么些年了,他还没逛过超市,需要什么,有秘书和司机买了送上楼。两人出门不远就有一家超市, 可母亲说这家超市的鸡蛋每斤比另一家超市要贵两角钱,说是去另一家买。老总笑了笑,刚要抬手打车去,母亲却说:"别打车了,坐12路车去,很方便的。"老总问为何坐12路车,到那边不是有很多路公交车吗?母亲说:"12路车是那个超市的购物车,免费。要是坐别的车,两人得花两块钱车费。"老总依了母亲,坐上购物车后,车上几乎都是些老头老太太,与母亲很熟。那些人听说她的儿子是老总,齐夸她好福气,有个这么孝顺的大老板儿子。母亲笑呵呵的,连连点头称是。老总听了, 也感到格外的轻松。就这样, 来回四个小时到超市买了十斤鸡蛋,省了两块钱,来回车费两人省了四块钱,一共节省了六块钱。母亲认为十分划算, 用这节省的六块钱, 买了一个西瓜, 并高兴地说西瓜是赚的。老总陪着母亲点头称是,可心里在想:四小时若在公司,可以创造几万元甚至几十万元的价值。

回到家里,母亲将西瓜洗净切开,老总已是又累又渴,捧起一块西瓜大口吃起来,他仿佛觉得好久没吃到这么香甜的瓜了。发现母亲没吃,他抬头一看,母亲正在定定地看着自己,眼角湿润润的。他赶忙递一块给母亲说："妈，您也吃。"母亲笑了笑，慈爱地说："你吃吧，我不想吃。"

这轻轻的一句话，却勾起了老总的往事。他小的时候，父亲就去世了，家里很穷，母子俩相依为命。那时候西瓜是稀少的东西，看到有钱人家的孩子吃西瓜，他馋得很，但家里买不起。于是，便偷偷去捡别人扔下的西瓜皮，拿到水里洗一下贪婪地啃起来。母亲看到后很是难过，便用三个晚上编织草绳挣的钱，为他买了一个西瓜。那会他高兴极了，他发现母亲也是这样盯着他看，也同样说了这七个字："你吃吧，我不想吃。"

这岂止是普通的七个字，是母亲对儿子的挚爱之情。老总想到这里，双眼湿润了。他觉得：虽说陪伴母亲四小时只赚了六元钱，但母爱是不可以用金钱来衡量的，哪怕失去的再多，也是完全值得的。

尽管母爱的方式不同，对儿女慈爱的心情都是一样的。父母为了儿女操劳一生，我们不能做到让父母长生不老，但可以对父母多尽些孝道，让父母在有生之年愉快地安享晚年。

# 父母是孩子的启蒙老师

父母的宽度决定孩子的高度，父母的一言一行对孩子的成长至关重要。俗话说:“有其父必有其子。”虽然不能一概而论,但父母对儿女的影响作用不可低估。尤其是孝道方面,一个不懂得孝敬长辈的家庭,很难培养出有孝心的孩子。身为父母,都希望儿女乖巧听话,没有哪个不希望自己的子女将来孝顺自己。可要知道榜样的力量是无穷的，父母的一言一行都将给孩子留下不可磨灭的印记,孩子们耳濡目染势必会形成一种思维定势。所以说，要想培养出一个聪明知礼有孝心的孩子，自己必须先作出表率。任何的苛求他人怎么样而自己置身事外,都是苍白无力的。

## 子女是父母的“折光镜”

ZI NV SHI FU MU DE “ZHE GUANG JING”

有人说:子女是父母的“折光镜”,在孩子身上,可以折射出父母的影子。事实的确这样,一个自私自利的家长,很难培养出有奉献精神的孩子;一个心胸狭窄的父母,也很难教育出宽宏大量的子女。同样,一个不知道孝敬长辈的人,其子女对父母也不会有孝心。正所谓什么样的藤结什么样的瓜一样,父母的一言一行对子女的成长影响极大。

过去某地发生了这样一件事:祖孙三人生活在一起,爷爷有劳动能力时,儿子对他还算勉强过得去。爷爷随着年龄的增长,逐渐丧失了劳动能力,但饭还得照样吃。如此一来,他儿子就不乐意了,并且越发讨厌只吃饭不干活的老父亲,经常不给他饭吃。老人饿了几天后,已经是皮包骨头奄奄一息,快不行了。于是儿子找来一个篓子,对自己的儿子说:“老家伙快要死了,如其死在家里,还不如直接抬到山上埋了省事。"儿子的儿子虽然不理解,还是与父亲将爷爷抬到山上活埋了。事后,父亲要丢掉篓子,儿子阻拦道:"爹,莫丢了,把它带回家吧。"父亲不解地说:"这破篓子,留着有什么用?"儿子说:"有用,将来你老了,省得再去买呀!"父亲一听,霎时明白了过来,悔恨交加,赶忙将老父亲扒了出来,背回家好生侍奉。

广东恩平有个叫苏伦的人,父亲早亡,母亲含辛茹苦把他抚养成人。后来苏伦到佛山做生意,赚了些钱,便买了房子娶妻生子,小日子过得很是惬意, 从此后就没回过恩平老家。这时有人提醒他说:"你们一家现在好过,可是你老母亲一人在家,就没你们好过了。"苏伦不以为然道:"我母亲虽然年纪大了,身体还好,家中还有两亩地,足够她吃了,用不着我照顾。"每当他两个儿子问起奶奶,苏伦就说:"问她做什么?你们有书读有饭吃就行了,别管其他的事。"后来,他的两个儿子长大成人后,胡作非为,根本就不把苏伦放在眼里。苏伦稍说他们一下,换来的是拳打脚踢。苏伦气不过,指责他们道:"我是你们的父亲,怎么可以这样对我?"他儿子振振有词道:"奶奶是你娘,你又是怎么对待她的?"苏伦一时噎住了,不知说什么好。

有道是"上梁不正下梁歪"。这两则小故事充分说明:父母的一言一行,直接影响到儿女的秉性,父母是子女最好的老师。

香港大亨李嘉诚有两个儿子,很多人认为他的两个儿子将来必定子承父业,会是商界呼风唤雨的"太子爷",可李嘉诚对他们要求一直很严。当他两个儿子大学毕业以后,他们曾想到父亲的企业工作,不料李嘉诚断然拒绝道:“我们公司不需要你们。”李嘉诚接着说:“我就是有二十个儿子,也不会给任何一个安排工作,你们自己要去打江山,要用事实证明你们自己有实力。”恍然大悟的儿子离开香港去了加拿大,一个投资银行,一个开设了地产公司。他们以父亲当年白手起家的精神不断鞭策自己,经过多年打拼,最终在各自领域都取得了不菲的成就。现在,李泽钜已加入父亲的公司,父子合力打造李家更辉煌的未来,而李泽楷则以九十亿的身价成为世人瞩目的商界明星。

李嘉诚对子女们的教育方式与很多人不一样，或许这正是他与儿子们成功的主要原因。事业靠自己打拼的人,才能锻炼出坚强的独立人格,自如地应对各种错综复杂的局面。倘若李嘉诚像许多人一样,为两个儿子在企业中安排两个高管位置，或许他的儿子们与其他啃老族没什么太大的区别。

## 用你的行动塑造孩子的品性

YONG NI DE XING DONG SU ZAO HAI ZI DE PIN XING

孩子良好的个性,需要父母用爱去塑造。这种爱,不是溺爱或放纵,而是除了言传外,还要身教,以实际行动为孩子作出最好的榜样。

曾子是孔子的得意门生,他不但学问高,为人也非常诚实,从不欺骗别人。对自己的孩子也是如此,说到做到。

有一天,曾子的妻子要去赶集,孩子哭闹着要跟了去。因路途较远,曾妻哄他说:“听娘的话待在家里,等娘赶集回来后,就杀猪给你吃。”孩子信以为真,欢天喜地嚷嚷道:“有肉吃了,有肉吃了。”

孩子一直盼到傍晚,曾妻才回家。他迎向前叫喊着:“娘,快杀猪,我中午饭还没吃,就等吃猪肉。”曾妻眼一瞪说:“我是和你闹着玩的哩,这头猪是家里小半年的口粮,怎么能杀了吃呢?”孩子一听,“哇”的一声哭了。

这时,正好曾子从外面回来,当知道了事情的原委后,二话不说,拿着把刀子走到猪圈里就要杀猪。曾妻慌了神,夺过刀子说:"不过年不过节的,杀什么猪呀?"曾子说:"你答应儿子要杀猪的,不杀咋办?"曾妻说:"我只是骗骗儿子,哪能真杀猪呢?"曾子正色道:"对孩子说的话,说到就得做到。不然,大人说话不算数,以后有什么资格教育孩子,岂不是教孩子学会撒谎。"妻子听了,觉得有理,惭愧得低下了头。夫妻俩只得把猪杀了,并说:"教育孩子,做父母的要言出必行,做出表率。"后来,据说曾子的儿子成了一个很守诚信的人。

一个诚实守信、孝顺父母的家长,造就的可能是一个诚信知孝的孩子。而一个自私狭隘、不孝的家长,他的孩子也将是一个粗暴不孝的人。

从前,有户人家祖孙三代只有三口人,即婆婆、儿媳和孙子。婆婆早年丧夫,后来儿子也跟着离去。儿媳把全部希望都寄托在了儿子身上,对儿子十分溺爱,视为心肝宝贝,什么事都惯着他。而对婆婆则视为累赘,好吃的东西都偷偷给儿子吃。有一次,婆婆实在饿得不行了,趁儿媳不在家时偷吃了一个红薯,不想被孙子发现告诉了母亲。母亲一气之下当着儿子的面用扫把教训起婆婆来。儿子在一旁拍手笑说:"奶奶贪吃,该打。"儿媳见有儿子助威,越发得意起来。儿子与别人打架,哪怕是胡作非为,母亲总是站在儿子一边。儿子说要吃鸡肉,虽然家里没喂鸡,母亲就去偷来杀了给儿子吃。儿子长大后,越发的肆无忌惮起来,不但成天东游西荡游手好闲,还经常打架斗殴横行霸道,以至发展到触犯法律持刀杀人。在押赴刑场执行枪决时,儿子对哭得死去活来的母亲说:"娘,我想再吃你一口奶。"母亲听儿子说要吃奶，自然应允。当母亲掀开衣服让儿子吃奶时，儿子朝她的奶头猛咬一口吐到地下，恶狠狠地说："我有今天，全是因为你。要是你从小好好管教我，我也不至于欠下赌债去杀人了。"

俗话说："龙生龙，凤生凤，老鼠生子会打洞。"这话虽然不一定全对，但道出了一个哲理：父母的品行，对孩子一生的影响是很大的。

## 家庭环境决定孩子的成长

JIA TING HUAN JING JUE DING HAI ZI DE CHENG ZHANG

家庭环境对孩子性格形成有着特别重要的作用,充满爱的家庭和父母经常吵闹甚至离异的家庭,成长出来的孩子有明显的差异。在家庭因素中,主要有教养方式、家庭结构、家庭气氛、孩子在家庭中的地位等。

### 一、教养方式

主要包含六个方面,一是父母比较民主的家庭,孩子则独立、大胆、机灵、善于与他人交往,分析思考能力强;二是父母过于严厉、经常打骂孩子的家庭,孩子则固执、冷酷无情、倔强甚至缺乏自信心和自尊心;三是父母过于溺爱袒护孩子的家庭,孩子就会任性、缺乏独立性,乃至骄傲自大,情绪随着外界的影响波动较大;四是父母过于保护孩子的家庭,则孩子遇事被动、依赖心强、性格沉默,缺乏主见和社交能力;五是父母教育孩子有分歧的家庭,孩子就会警惕性高,惯于两面讨好、投机取巧,容易编织谎言;六是父母包揽支配型家庭,孩子则依赖心强,遇事没有主见,缺乏独立性。

二、家庭结构

有研究表明,两代人家庭的孩子在好奇心、坚持性、伙伴威望、热爱劳动和人际关系上,均优于三代人家庭的孩子。主要原因是三代人家庭中,与爷爷奶奶包括外公外婆对孩子的溺爱因素有关。

三、家庭气氛

一般父母恩爱、孝敬长辈、邻里和睦、互相尊重的家庭气氛,对孩子的成长和性格的形成有积极的影响。相反,父母经常争吵、虐待长辈、无端猜忌甚至夫妻关系破裂的家庭,孩子的性格也会暴戾、无情,从而导致青少年时期犯罪率高。

四、孩子在家庭中的地位

尤其是独生子女家庭,如果过分娇惯溺爱,很容易使他们养成任性、无情、自私、不尊重长辈等不良行为。倘若对孩子能经常性的进行正面教育,从严要求就会使孩子形成良好性格和品质,比如尊爱师长敬重长辈、关心同伴、不挑食、爱劳动等等。

现实生活中,有不少这样的事例:

中学生王某,男,头脑灵活,好奇心强。按说像这样的学生通过安心学习,是有前途的。可是他的父亲脾气暴躁,又酗酒嗜赌。他母亲对丈夫的这些恶习很是不满，经常扯皮吵架，家庭关系很是紧张。王某很羡慕家庭关系和睦的同学，对自家很是反感。有时候，他想添置些学习用品向父亲要点钱，都要遭到再三盘问。这样一来，他情绪焦躁，无心学习，经常无故旷课，最后寻衅滋事打架斗殴。面对老师的批评教育，他流着眼泪说："我很想好好读书，也想上高中上大学，可是我的家没个家样，常常被父亲打骂，我哪有心情读书？反正，我是没有指望了。"

学生李某，父母离异后，将他判给了父亲抚养。其父开了一家中介公司，平时由于忙生意，没时间管孩子，只好以金钱作为弥补，故而使李某养成了花钱大手大脚的习惯，经常呼朋唤友出入高档饭馆吃喝玩乐，甚至还邀集同学玩起了赌博，哪还有心情学习？每每考试，也就一二十分。班主任老师没办法，只得与家长沟通。约了多次，其父以生意忙没空为由予以推托。班主任找上门，其父也是寒暄几句敷衍了事。到后来，李某干脆退了学，成了社会上的小混混。

以上两则案例充分说明，家庭环境如何，对孩子的成长至关重要。作为父母，要想培养出一个优秀的孩子，必须率先垂范，给孩子营造一个好的家庭氛围。

## 勿在儿前论是非
WU ZAI ER QIAN LUN SHI FEI

生活中充满了太多的是是非非，在是非面前，为图一时口快，许多人不懂得注意场合，当着小孩子的面，张家长李家短地议论。要知道，孩子洁净的心灵最容易接受外界的东西。久而久之，孩子在日复一日的耳濡目染中，就会学到父母对别人的看法，对事情的态度，甚至包括陋习和偏见，形成影响孩子一辈子对人对事物的认识态度。

论是非者必被是非论，有一些做父母的觉得无所谓，认为在孩子面前，什么话都可以说，没什么可避讳的。甚至认为即使孩子形成和自己一样对人对事的看法，也不是什么坏事情，正好和自己观点一致，将来不会有争吵。其实在孩子面前论是非，后果是很不好的。

有这样一则趣闻：有一次，夫妇俩带儿子小牛参加朋友的婚宴，席间，小牛妈遇着一个叫美丽的闺密，与美丽笑逐颜开地寒暄过后，小牛妈要小牛叫美丽叫阿姨。小牛脸一扭说："你不是常说美丽是妖精吗？我才不叫妖精叫阿姨哩！"此语一出，举座皆惊。小牛妈脸一红，想解释，又不知从何说起。就因为平时说活没注意，从此得罪了这个要好的朋友。

与人相处，难免会有摩擦，难免会有不愉快的事情发生。在自己设法化解困扰的同时，和家里的另一半或者好朋友聊一聊不是不可以。但需要注意的是最好不要当着孩子的面聊，孩子的心里是纯净的，你是他最亲近最信任的人，无意中你说谁不好，你的孩子也会认定了谁不好。当他们童言无忌说出去时，你想要的表面和平就难以维持下去，很有可能会带来不利于己的负面影响。

勿在儿前论是非。如果当着孩子的面聊天，要尽量把生活中积极美好的一面展示给孩子。这样既有利于孩子的成长，也能在孩子心日中树立父母良好的形象，成为孩子效仿的榜样。

# 教子重在因势利导

JIAO ZI ZHONG ZAI YIN SHI LI DAO

两千多年来，“孟母教子”的故事一直被广为传颂，在这里，不妨列举三个事例：

## 一、孟母三迁

孟子小的时候，他父亲就去世了，孟子和母亲相依为命，当时住房离墓地不远，每每有人下葬，孟子就和邻居家的孩子学那些孝子，又是跪拜又是假嚎哭，玩些丧事的动作。对此，孟母十分不安。她想：“长此下去，孟子成天学这些东西，岂不是误了他一生。不行，得换个地方。”于是孟母带着孟子搬到了集市，在靠近屠宰场的地方住了下来。后来，孟子又和邻近的孩子们学起屠夫的举动和猪羊的嚎叫声。孟母眉头紧皱，于是想：“这个地方也不适合我儿子居住。”后来，她们又搬到了学宫附近居住。这所学宫是孔子之孙子思设宫讲学的地方，后人称它为“子思书院”。后来子思的学生在此朗朗讲学。孟母想，孩子在学宫的附近居住，必然会受到学宫气氛的影响，长大以后读书也方便。母子搬迁到这儿后，天资聪颖的孟子果然被书院里的琅琅读书声所吸引，常到书院里跟着学习诗书，演习礼仪。孟母很高兴自己终于找到了培养孩子的理想场所，从此就在这里定居下来了。后来孟母把孟子送入学宫，随子思的弟子学习，使孟子从此走上学业之路。

二、“买肉啖子”

孟母对于孩子品格的培育同样十分看重，她“买肉啖子”的故事至今让后人赞叹不止。有一次，邻居家磨刀霍霍，正准备杀一只小猪。孟子非常好奇，就跑去问母亲：“邻居磨刀要干什么？”“杀猪。”“杀猪干什么？”孟母笑了笑，随口说道：“给你吃啊！”刚说完这句话，孟母就后悔了，心想本来不是为孩子杀的猪，我为什么要欺骗他呢？这不是教孩子说谎吗？为了弥补这个过失，孟母真的买了邻居的猪肉给孟子吃了，以此教育孩子做人要“言必信，行必果。”

三、断杼教子

孟子虽然天性聪颖，但是也有一般孩子的顽皮劲儿，到学宫学习了一段时间后，儿童贪玩的本性有所抬头。有时候逃学，学宫先生告到孟母那里，孟子便对母亲谎称是找丢失的东西。有一次孟子又早早地跑回了家，孟母正在织布，知道他又逃学了，孟母把孟子叫到跟前，剪子一划，把织了一半的布纱全部割断。孟子问为什么要这样，孟母回答说：“子之废学，若吾断斯织也！”，意思是说，学习就像织布，靠一丝一线长期的积累。只有持之以恒，坚持不懈，才能获得渊博的知识，才能成才，不可半途而废。逃学就如同断杼，线断了，布就织不成了，常常逃学，必然学无所成。孟子听后幡然醒悟，从此勤学苦读，终于成为一位伟大的思想家和教育家。

从以上故事中可以看出，假若孟母不是为了孟子有个好的成长环境“三迁住地”，孟子也许难以到“子思学院”学习；假若孟母不兑现诺言“买肉啖子”，也许孟母在儿子心目中是个说话不算数的母亲，以后也许不会听她的话；假若孟母不“断杼教子”，孟子不求上进，难以成为流芳百世的教育家和思想家。可以说，孟子的成就，与孟母的教子方法关系重大。所以，在孩子成长的过程中，重要的是因势利导，培养孩子的学习兴趣，启发教育孩子热爱学习，注重品行，让孩子能深切意识到学习和做人的道理，而不是生硬的强迫、压制、苛求。

## 父母的高度决定子女的宽度

FU MU DE GAO DU JUE DING ZI NV DE KUAN DU

俗话说:"父慈子孝"。要想孩子将来孝顺自己，自己必须先要孝顺爹娘,给孩子做出表率。

西汉时期的石奋,历汉高祖、文、景、武帝四朝大臣,以孝著称朝野。石奋生有四子,分别叫石建、石甲、石乙、石庆。父母在世时,石奋对他们特别孝顺,不上朝时,就千方百计抽出时间陪在父母身边,陪父母聊天拉家常。父母生病了,更是亲自熬药护理,亲手为父母做可口的饭菜。后来他父母病逝,每逢父母的生日和忌日,无论刮风下雨,他都要亲自到坟前祭拜。

石奋的孝举,被四个儿子看在眼里记在心里。后来,石奋的四个儿子都做了高官,他们个个对父亲孝顺有加。大儿子石建官至郎中令,系朝廷重臣,此时也已是满头白发。尽管每天忙于朝廷政务,然丝毫不为琐事所牵绊,每隔五天必回家一次,雷打不动,亲自为年老的父亲石奋换洗衣服,冲洗马桶,并不让家人告诉父亲是自己做的,直至父亲去世。

父母终日与子女生活在一起,其一言一行,会直接影响到子女的品行。

有一个三口之家,丈夫一有空就泡在麻将桌上,对家里的事情撒手不管。妻子呢,见丈夫这样,自然也不甘落后,也迷上了麻将。儿子每天放学回到家里,冷冰冰的没人管,肚子饿了,也不能按时吃饭。心想:凭什么他们能玩,我就不能?于是,迷上了网络游戏。没钱了,趁爸妈夜里睡熟后掏他们的口袋。被发现后,他爸质问他为什么要偷钱,儿子毫不隐瞒说道:“玩游戏没钱了。”他爸一听儿子偷钱是玩游戏,更加火了,狠狠打了他一顿,质问他为什么不好好上学,要去玩游戏。儿子直言不讳地说:“你们能玩牌,为什么我就不能玩游戏?”话语一出,夫妻两人张口结舌,不知说什么好。

教育孩子怎么做,首先必须要自己先做好,这样才有说服力。“己所不欲,勿施于人”。不要以为子女是自己生的,要他怎么样就能怎么样。靠强硬的压制方法,不但起不到任何的教育作用,反而会造成子女的逆反。比如说以上的夫妇俩,自己不收敛,却要求儿子要听父母的话好好读书,他能听吗?最终,孩子因迷上网络游戏,学习跟不上班,考试成绩连连倒数第一,被勒令退学。再后来,因与社会上的混混们打成一片,发展到偷窃,走上了犯罪道路。

历史的经验是:一个成功的子女,必有慈祥的父母。父母是孩子人生中的第一任老师,父母的高度,决定着孩子的宽度。

## 循循善诱胜过千言万语

XUN XUN SHAN YOU SHENG GUO QIAN YAN WAN YU

孩子懂不懂得孝敬父母,除了耳濡目染受父母的影响外,还有一个重要因素,就是怎么来开导教育孩子。需要明白的是,压制和强迫只能是适得其反,正确的教育方法对孩子的成长很重要。

从前,有一个叫小强的孩子很不孝顺,经常忤逆父母,又不好好读书。他父母没有办法,只好找来孩子的舅舅。舅舅是个放羊倌,每天在山坡上放羊,虽然没什么文化,但对子女的教育很有办法。他听了外甥的事后,对孩子的父母说:“把他交给我吧,你们放心,过一阵他会转变过来的。”第二天一早,孩子的爹娘把孩子送到了他舅舅家。舅舅见了外甥,既不打,也不骂,把一条羊鞭交到他手里,叫他跟自己去放羊。此时正值六月酷暑天气,太阳像火球一样炙烤着大地,整个山坡看上去像是一闪一闪的火焰往上冒，鸟儿大都藏到树阴里去了。这时，有几只乌鸦在炎热的树杈上“叽叽喳喳”飞来飞去。小强仰着头问舅舅：“这几只鸟不怕热吗？它们在干什么呢？”舅舅指了指树上的鸟窝说：“那树上有个鸟窝，里面有一只老乌鸦正张着嘴，等待它的儿子们给他喂食哩！”“那它咋不自己出来找食呢？”小强问。舅舅说：“因为它老得飞不动了。”小强又问道：“这大热的天，小乌鸦为什么会喂它呢？”小强仍有些不理解。舅舅严肃道：“小乌鸦出生时，不能自己找食物，全靠它父母找来食物一口口把它们喂养大。如今它们的父母老了飞不动了，要是小乌鸦不喂养它们，就会饿死的。所以小乌鸦像当初老乌鸦喂自己一样喂养老乌鸦，这叫做‘乌鸦反哺’。”小强听了，默默地低下了头。

又有一天，小强和他舅舅在羊圈里照料刚出生的小羔羊。小强发现小羔羊都是跪着吃奶，感到奇怪，就问舅舅：“小羔羊为什么总是跪着吃奶？”舅舅笑了笑说：“问得好，我就给你讲个羔羊为什么跪着吃奶的故事吧。”于是对小强讲述了羔羊跪乳的来历：很早以前，一只母羊生了一只小羊羔。羊妈妈非常疼爱小羊，晚上睡觉让它依偎在身边，用身体暖着小羊，让小羊睡得又熟又香。白天吃草，又把小羊带在身边，形影不离。遇到别的动物欺负小羊，羊妈妈便用头顶撞对方保护小羊。一次，羊妈妈正在喂小羊吃奶，一只母鸡走过来说：“羊妈妈，近来你瘦了很多，吃进去的营养都让小羊吸走了。你看我，从来就不管小鸡们的吃喝，全由它们自己去扑食，多好。”羊妈妈讨厌母鸡的话，就不客气地说：“你多嘴多舌搬弄是非，到头来犯下拧脖子的死罪，还得挨一刀，对你有啥好处？”气走母鸡后，小羊说：“妈妈，您对我这样疼爱，我怎样才能报答您的养育之恩呢？”羊妈妈说：“我什么也不要你报答，只要你有这一片孝心就心满意足了。”小羊听后，不觉泪下,“扑通”跪倒在地,表示以此报答慈母的一片深情。从此,小羔羊每次吃奶都是跪着。它知道是妈妈用奶水喂大它的,跪着吃奶是感激妈妈的哺乳之恩,这就是“羊羔跪乳”的来历哩!

小强听了舅舅讲述的两个故事,联想到自己往日对父母的不敬,流下了悔恨的泪水。心想:连乌鸦都知道反哺母亲,羔羊也会跪乳报恩,何况自己是人呢?从此以后,他再也不忤逆父母了,不但学习进步,更成了远近闻名的孝子。

虽然这只是一个不知主人公名姓的故事,但从中反映了一个道理,教育孩子,不宜简单粗暴,只有循循善诱,耐心开导,才能收到事半功倍的效果。

## 注重对孩子的德行培养

ZHU ZHONG DUI HAI ZI DE DE XING PEI YANG

一个品德优秀的孩子,必是一个懂得孝顺的孩子。道德品行不仅体现一个人的思想素养,更关系到一生的荣辱成败。清代张英也说:“积德者不倾”。意思是说行善积德的人,不会有倾覆的危险。所以说注重孩子的德行培养,尤为重要。如果父母不注重培养孩子的德行,就是没有尽到做父母的责任。

对孩子德行的培养,不仅在思想作风上,也要对孩子行为习惯进行正确引导。好的行为习惯是走向社会成就事业的关键一环,必须要让孩子明白这个道理。比如说《孔融让梨》这个千古传颂的故事,就是一个很好的例证。孔融小时候聪明好学,才思敏捷,巧言妙答,大家都夸他是奇童。4 岁时,他已能背诵许多诗赋,并且懂得礼节,父母亲非常喜爱他。一日,他父亲买了一些梨子,特地拣了一个最大的梨子给孔融,孔融摇摇头,却另拣了一个最小的梨子说:“我年纪最小，应该吃小的梨，您那个梨就给哥哥吧。”父亲听后十分惊喜,又问:“那弟弟也比你小啊？”孔融说“弟弟比我小,我也应该让给他。”俗话说人大看小,正是因为孔融这种无私的品性,最终成为受人敬重的文学家。

对孩子进行德行教育,一定要注重生活细节上的引导,使之养成高尚的生活情操。曾国藩对子女要求十分严格,可以说是教育子女的典范。过去那些官宦人家的子女一般都是些颐指气使打马乘轿的公子哥儿,时任两江总督的曾国藩却教育子女,出外办事要步行,绝不允许使唤轿子。同时他告诫孩子们，不许使唤奴婢添茶倒水，自己能做的事情一定要自己去做。甚至让子女去干一些在常人看来只有下人才做的活儿,比如挑水劈柴锄园之类的事情。在一封家信中,他对长子曾纪泽明确规定:每天早晨天没亮就得起床打扫庭院，然后坐下练字一千个，而且第一个字必须是写“俭”字。他是要以此提醒孩子们,千万不要沾染官场奢华之气。并写信告诫大儿子曾纪泽:“凡世家子弟,衣食起居无一不与寒士相同,庶几可以成大器。”

曾国藩教育子女方法独特,且思想开明。他认为读书不全是为了做官,而在于明理。所以当长子曾纪泽接连三次科举不第时,提出不再参加科考而研习西学的想法。曾国藩同意了,并支持他按照自己的想法去做事。那个时候,一般人根本不想去接触西方文化,更别说学习洋文了。所以当时在外人看来,曾纪泽凭借曾国藩的关系混个一官半职不是难事,而要去学习什么英文,不外乎是旁门左道。所以不少人前来劝他改变主意,曾纪泽可不听别人的，在曾国藩的鼓励和支持下潜心研究西学。1881 年 2 月 24 日，曾纪泽以外交官的身份代表清政府在彼得堡同沙俄谈判并且签订了

《中俄伊犁条约》,收回了伊犁城。正是由于曾纪泽对西学的了解,也正是因为他有了一个非常好的英语基础,在与俄国人谈判的时候,针锋相对据理力争。当时沙俄曾威胁他说:"你想要收回伊犁,我们马上派兵来攻打。"曾纪泽不软不硬地回了一句话:"你们要打仗,我们也无奈,但是我们绝不会怕你们。"因为他太了解当时沙俄政府虚张声势的心态。如果曾纪泽没有对西学的了解,不懂得沙俄的底细,这个时候有可能被吓倒了。所以有人说这次谈判是清末外交史上非常重要的一次胜利。

曾国藩教育子女不谋做官发财,只求读书明理。在封建社会谋出路的捷径就是做官,当时官僚子弟都想凭借权势挤入官场,曾国藩却再三叮嘱子孙:"我不愿儿孙为将领,也不愿儿孙为大官,只希望成为饱读诗书、明白道理的君子。能做到勤劳节俭,自我约束,吃苦耐劳,能屈能伸的,就是有德有才的人。"因此,他的子孙后代绝大多数留学英、美等国的名牌大学,学贯中西,成就卓著,成为教育界、科技界、艺术界的名家大师,饮誉五洲四海,为人类的文明进步事业做出了重大的贡献。

曾国藩的教子方法,值得我们借鉴。孩子有没有出息,不在于当多大官,发多大财,而在于是否明白做人的道理,即做人的德行和修养。若是一个人连做人的道理都不明白,即便当官也会是个糊涂官,发财也不会长久。

# 父母是家长不是保姆

父母是一家之主，肩负着家庭生计和抚养教育孩子的责任,而保姆没有教育孩子的义务。所以说,父母和保姆有着本质的区别。然而有的家庭，父母充任了保姆角色，不但对孩子过度宠爱，大包大揽孩子的一切大小事务，甚至连孩子的思维方式和行为也裹括其中。这样一来,无形之中既束缚了孩子的主观能动性,又会让孩子养成衣来伸手饭来张口好逸恶劳的不良习气。这样的孩子一般没有自立能力,不愿吃苦只知道吃喝玩乐,为了满足自己的欲望,往往自私狭隘丝毫不会顾及他人的利益,又谈何会有孝心呢?古有“棍棒底下出孝子”的训诫,虽不全对,但对待子女,一味庇护纵容过度溺爱,无疑会贻害孩子的一生。

## 大包大揽种下的是祸根
DA BAO DA LAN ZHONG XIA DE SHI HUO GEN

穷人的孩子早当家。穷人家的孩子往往懂得心疼孝顺父母，是因为穷人家的孩子亲身经历过贫困，懂得父母的不容易。随着社会的发展，人民的生活条件得到改善，走上了衣食无忧的小康之路，家庭生活条件好了孩子在蜜罐中成长，父母只要求他们一门心思搞好学习就行了，其他的事由父母大包大揽。这些孩子衣来伸手饭来张口，甚至连自己的袜子都不愿意洗一下。这样一来，孩子们自然难以感受到父母的辛劳，总是认为这一切是理所当然的事情。在这种环境下成长起来的孩子，自然没什么孝心可言。

早年间有个亲子杀害父母的案例曾震惊了所有人。一个十八岁的男孩在一个夜晚持刀闯进父母房间，先将睡梦中的父亲砍死，然后对母亲连砍数刀，血流如注的母亲苦苦哀求孩子住手，也未能唤醒良知，最后倒在血泊中。这起恶性杀人案件侦破后，警方审讯他为什么对自己的亲生父母要下此毒手，男孩竟然平静地说：“我玩网络游戏欠下两千多元债，想杀死父母，自己继承遗产还债。”多么可悲荒谬的理由，简直不可理喻。据说这个孩子之所以如此的丧心病狂，完全是他父母从小对他的过度溺爱造成的。他是一个独子家庭的孩子，从出生那刻开始，父母视其为心肝宝贝，什么都由着他，什么活也不让他干。孩子与别人打架，不管有理没理，父母总是护着孩子。久而久之，孩子形成了妄自尊大目空一切的品性，他想干什么，谁也别想说服他。父母见他不愿上学而天天沉迷于网络游戏，也规劝了他几次，遭到的是谩骂和拳击。后来，他父母见管他不了，干脆断了他的经济来源，于是他恶念顿生，便有了令人发指的血案。

含辛茹苦养育了十多年的儿子，最终残忍地将父母杀害，其原因除了这个年轻人良知的彻底泯灭外，这对父母不能不说是酿成这个悲剧的源头。我们在谴责杀人凶手的同时，做父母的也应从中反思一二。心疼和关心孩子是做父母的共同天性，本来没什么错，但错就错在纵子溺子。“子不教，父之过”。有时候毫无原则的放纵和疼爱，就成为过度溺爱了。在过度溺爱环境中成长起来的孩子，可以说是自私心强、经不起任何风吹雨打、且没什么作为和出息的人。因为他眼中只有自己没有别人，只顾个人享乐，不顾他人死活。

## 不要当“护崽猪”娘

BU YAO DANG “HU ZAI ZHU ”NIANG

在许多母亲的心目中，认为儿女是自己身上掉下来的肉，所以千般宠爱、百般袒护，宁愿自己当牛做马，也不能让儿女吃亏受委屈。于是乎被宠惯了的儿女，骄横任性，享乐至上，厌恶劳动。这种为了孩子牺牲自己一切的做法，孩子不但不会孝敬长辈，甚至会害了孩子的一生。

民间流传这样一个故事：从前，有户人家只有母亲和一个叫财运的儿子，由于财运父亲早逝，家中缺少劳动力，家里很穷。尽管这样，母亲视财运如心头肉，生怕饿着他。有什么好吃的东西，都给了财运吃，自己宁肯吃野菜充饥。财运到了十岁多，母亲也不让他下地干活，即便自己累得弯了腰，也不想累着儿子。久而久之，财运认为这是应该的，丝毫不顾及母亲的苦和累。后来，家道好转，财运娶了个媳妇，母亲高兴极了，索性把当家权交给了儿媳妇,满以为这下该轻松了。没想到自从儿媳进门后,家中一切都变了样。首先是夫妻俩将老母亲赶到了一间黑暗的杂屋居住,不让她上桌吃饭,每到吃饭时,只盛给他一碗薄粥,而夫妻俩餐餐吃的是鱼肉。这也罢了,老母亲不和他们计较,心想自己来日无多,只要不被饿死,吃点什么都行。但让她担心的是,儿子和儿媳不爱劳动,天天在家吃自己这些年积攒下的一点老本,如此不劳而获又能吃得了多久呢?一天,她语重心长地对儿子儿媳说:"过日子要细水长流,你们下地干活才能生活下去啊!"财运一听,立时暴跳如雷道:"老不死的,你管这多干什么?"一旁的儿媳阴阳怪气道:"哟,还来管我们,是活得不耐烦了吧。"母亲不但没说服他们,还挨了一顿臭骂,虽然气愤,也不敢再回嘴,只能饮泪一旁。不久的一天晚上,夫妻俩做了一顿丰盛的饭菜,叫老母亲一块上桌去吃。望着这些很少吃过的荤菜,老母亲高兴极了,以为儿子儿媳回心转意孝顺自己了。饭后,老母亲正要回到自己房间去睡,财运说:"你不用去那了,我带你去一个好地方。"母亲问去哪,儿媳说:"到了你就知道了。"于是夫妻二人将老母亲强拉硬拖,来到了山坡上一个黄土坑前,财运说:"反正你老得不能干活了,迟早是要死,迟死还不如现在送你归土。"老母亲这才明白,原来他们是要活埋了自己。事已至此,求也没用,老母亲只得落下几行悔恨的泪水,自己滚进坑中咬牙切齿道:"没良心的,你们来吧。"财运挥起锄头往坑中填土,这时深山中传来虎啸声。夫妻俩一阵惧怕,于是扔了锄头急急匆匆往回走。

躺在土坑中的老母亲见没了动静,睁眼一看,除了满天的星星,儿子儿媳没了踪影。她思前想后,不由放声大哭起来。她的哭声被在山上干农活的兄弟俩听到了。他们循声赶了来,发现是被埋了半截的老人,忙把她拉上来,问是怎么回事。老母亲泣不成声说了事情的经过,并说:"你们让我死了算了,反正我也无家可归了。"老大劝道:"老母亲,你的儿子猪狗都不如,别想他们了,正好我们没母亲,您跟我们回家吧。"老二也说:"是啊,娘,虽然我们家不富裕,对你会很好的。"但不管怎么劝,老人宁死也不愿意跟他们走。这时,虎啸声越来越近,兄弟俩急催老人,说是老人不走,他们也不走。老人没办法,只好跟着兄弟俩来到了他们家。

兄弟俩的媳妇见领回来一个老太太,不知何故,一问才知老人是被儿子抛弃的,于是对老人既同情又尊敬,如生母般看待。老人见这家人"娘"叫得亲切,如亲生般对待自己,心也平静了许多。兄弟俩各生了儿子,叫奶奶叫得很甜,老母亲也视他们如亲孙子一般,疼爱有加。一家人其乐融融,日子过得既简单又幸福。有一天,老母亲像往常一样在家门口陪孙子玩,突然有一只羽毛艳丽的野鸡窜到了门口。老母亲见了,想抓住野鸡给孙子玩,跟着野鸡一直追到屋后树林的灌木中,野鸡突然不见了。老母亲扒开灌木,意外发现里面有一大坛闪闪发光的金子。老母亲高兴极了,她想这下可以报答兄弟俩的收留之恩了。于是不动声色把灌木恢复成原来的样子,回到家中,长吁短叹躺到了床上。兄弟俩和他们的媳妇收工回家后,以为是老母亲生病了,个个守在床前问寒问暖,老大要出门请医生,老二也跟着要去抓药,媳妇们熬来了姜汤,要老母亲喝下去,先去去寒。老母亲躺在床上,老泪纵横,享受到了从未有过的待遇。本来她是借此考验一下这家人,看到这种场景,她彻底放心了,于是坐起来对他们说:"你们都过来,听我说,我没有病。"全家人听说老母亲没病,忙问是什么原因。老母亲说:"你们准备好袋子,今晚跟我上山去搬东西。"儿孙们问是什么东西,老母亲笑了笑说:"到时你们就知道了。"半夜时分,老母亲带着兄弟俩来到后山的灌木林中,如愿取出了那坛金子。有了这些金子做本钱,兄弟俩买田盖房,又做起了生意,成了当地一大首富。

这天,有个蓬头垢面的乞丐来到府上,对老母亲可怜巴巴地说:"大慈大悲的老夫人,你就可怜可怜我吧,我已经好几天没吃饭了,施舍点吃的给我吧。"说罢抹起泪来。老母亲一眼就认出了这个当年要活埋自己的不孝子,而乞丐认为母亲早就死了,所以没认出她来。老母亲眼见这个畜生沦落到这种地步,感到既痛心又憎恨,但毕竟是自己的亲儿子,于是给了他不少银子。没想到的是,乞丐才出门不远,晴天一声霹雳,乞丐活活被雷劈死。老母亲见了,抹泪道:"儿呀,天作孽,犹可违;自作孽,不可活,这都是天意啊!"

这个故事虽然有些神话色彩,但从中不难看出:生儿育女,决不可过度溺爱。如果因为爱孩子而充当孩子的"护崽猪"娘,生怕孩子吃亏受累而任其放纵,不但于己无利,反而会害了孩子的一生。

## 莫为儿孙作马牛
MO WEI ER SUN ZUO MA NIU

"儿孙自有儿孙福,莫为儿孙作马牛"一语来自《增广贤文》,相传这话的原句起自于传说中的铁拐李。

传说铁拐李年轻的时候,家里很穷,经常揭不开锅,几乎是吃了上顿没下顿。此时的他已娶妻生子,为了不至妻儿挨饿,无奈之下,铁拐李只得干起了偷窃的营生,专门偷那些为富不仁的大户,以维持一家人的生计。

有一次,铁拐李看准了一户人家,白天踩好了点,趁夜深人静之时来到大户人家的墙根下。因为墙高门坚,他只得在墙脚挖个洞口准备钻进去。考虑到声音惊动屋内的人带来不测,于是把事先准备好的一个葫芦瓜先塞过去探路。果然屋内人有所防备,一刀将葫芦瓜劈成两半。并大喊"抓贼"。铁拐李见状,只得逃离了现场。

后来,铁拐李觉得这样也不是办法,寻思着堂堂一个男子汉,连妻儿都养不活,靠偷盗过日子,也太窝囊了。他想到以死解脱,跳崖时被树枝挂住,摔断了一条腿。在求死不能的情况下,铁拐李毅然抛家别子,出家当了道士。经过二十多年的苦心修炼,铁拐李不但学了一身的道法,人也老了许多,简直与原来帅气的他判若两人。有一天,他云游路过家乡,动了回家看看的念头。他扮成一个乞丐进了村子,谁也不认得他了。来到自家门前,房屋焕然一新,全变了个样。凑巧的是,正逢他儿子迎娶媳妇。门前张灯结彩,宾朋满院,好不热闹。妻子正笑逐颜开坐在正厅上方,接受儿子和儿媳的跪拜。铁拐李百感交集,心想没有我铁拐李,他们把这个家操劳得如此之好。于是随便讨了些饭菜,不动声色悄然离开了家门。出到门外,铁拐李喟然长叹一声吟道:"二十年前做贼偷,一刀砍破葫芦头。儿孙自有儿孙福,哪与儿孙置马牛。"从此以后,铁拐李一心悟道,云游四方专打不平,成就了仙业。

很多时候,财富只是一付腐蚀剂,留给子孙的越多,子孙越是碌碌无为,家道也会败得越快。相反,加强儿孙的德行培养,其珍贵程度是任何财富都无法比拟的。自古以来,这样的例子不在少数。

1840 年,时任钦差大臣兼两广总督的林则徐"虎门销烟"后,赢得了国人的一片赞誉,却也触犯了朝廷主和派的利益。后来道光皇帝迫于压力,将林则徐撤职查办,贬到新疆伊犁戍边。三年后,道光皇帝又将林则徐召回,命他协助陕甘总督布彦泰督署甘肃军务。1850 年,咸丰皇帝即位后,任命林则徐担任云贵总督。

林则徐戍边新疆和滞留甘肃的八年间，其三子汝南和次子聪彝，一直随侍左右。现在，林则徐官复原职要去赴任了，考虑到手下已经有随侍人员，林则徐便打发两个儿子回福建老家。布彦泰念林则徐在西北多年，少有积蓄，便以林则徐数年督署甘肃军务的名义追加发放了一部分饷银，让汝南弟兄带回家去。

当时甘肃赈灾任务较重，林则徐留下这部分银钱，只让汝南弟兄带着少许盘缠回去。布彦泰知道后，摇头叹息，他问林则徐："这是你应得的，你为什么不让他们弟兄带走呢？"林则徐笑着说："我的饷银已经领取，追加就不必了。再说，子孙若如我，要钱干什么？是贤而多财，则损其志；子孙不如我，留钱做什么？愚而多财，益增其过。"

的确，儿女有出息，他们自会生活得很好。没出息的话，留给他们再多的钱，也是枉然。许多父母为了儿孙，舍不得吃舍不得穿，没日没夜的辛苦劳累，总以为为儿孙积攒的财富越多，自己才算有了交代。殊不知，这不但于儿孙无益，对自己也是不公平的。做父母的，不应以财富多少为标准，而应重在对子女的教育和道德培养。要明白，知识和德行是无价的，这才是留给子女的最好财富。

# 打开孩子的兴趣之门

DA KAI HAI ZI DE XING QU ZHI MEN

不少父母为让自己的孩子日后“出类拔萃”，从幼儿开始就给他们安排很多学习科目。不管孩子有无兴趣，又是画画班，又是舞蹈班，又是音乐班，这个班那个班，孩子的时间天天排得满满的。许多孩子被父母从幼儿园接回后不是回家，而是被转送到各种培训班。这种盲目报班的做法，极大地压榨了孩子的“自由空间”。孩子学习压力过重，不但对学习无益，还会引发各类心理问题，比如睡眠障碍、饮食障碍、情绪障碍、多动症和忧郁症等等。

关于是否应该报班的问题，有专家表示：孩子报各种学习班，并不是以学习知识为主，而是要培养孩子的兴趣和认知能力，家长们在尊重孩子兴趣的前提下，根据孩子的喜爱，报一至二个班也就够了。如果报班太多，一方面浪费财力，学不到什么东西；另一方面，孩子容易产生厌学情绪，进而影响学习文化知识。因此,正确的做法是:孩子想学什么就让他们学什么,让他们在自由的空间里找到自己的兴趣,这才是家长的明智之举。

著名画家达·芬奇的父亲皮耶罗是一位令人称道的好父亲,他培养孩子的信条就是:给孩子最大的自由,让孩子发挥自己的兴趣。

达·芬奇6岁那年上学了,在学校里学了不少知识,但唯独对绘画最感兴趣。一天,他上课不专心听讲,还给老师画了一幅速写。回家后,达·芬奇把速写给父亲看,父亲不仅没有生气,反而夸奖他画得很好。正是因为父亲如此开明,达·芬奇全身心投入到自己喜爱的绘画中,甚至敢画画恐吓他父亲。一次,他花了一个月时间,在盾牌上画了一个两眼冒火、鼻孔生烟,看起来十分可怕的女妖头。为了把父亲吓一跳,他还关紧窗户,只让一缕光线照到女妖头的脸上。后来,父亲一进家就被盾牌上的画吓坏了,达·芬奇笑着解释完,他竟然没有责备儿子。达·芬奇16岁那年,父亲把他带到画家维罗奇奥那里学画画,达·芬奇通过刻苦学习,掌握了很多绘画技巧,后来终于成为世界级大画家。

兴趣是激发孩子潜能的首要条件,启发孩子的兴趣,给孩子适度空间,可以使孩子学到书本上学不到的东西。

张衡是我国东汉时期的伟大天文学家,他指出的天体运行规则和月食的成因,不但在当时,就是在科技发达的今天,仍有着十分重要的科研意义。张衡的成就,与他小时候的立志是分不开的。

张衡小时候就爱想问题,对周围的事物总爱寻根问底,不弄明白决不罢休。一个夏天的晚上,张衡和爷爷奶奶在院子里乘凉,他坐在竹床上,认真地数着天上的星星,数着数着,便问爷爷:“我数的时间久了,看见有的星星移动了,原来在天空东边的,移到西边去了。有的星星突然冒出来了,而有的星星突然又不见了,是它们也会走路吗?”爷爷笑了笑说:“星星确实会移动的,你要认识星星,先要看北斗星。”说到这,爷爷手指着天上说:“你看,那边的七颗亮星,连在一起就像是一把斗。”张衡顺着爷爷的手指看过去,兴奋道:“找到了找到了。那它们是怎样移动的呢?”爷爷想了想说:“大约到半夜时分,它就移到了上面。到天快亮的时候,它就翻了个身,倒挂在天空了。”至于别的,爷爷无法解释得清楚。这天晚上,张衡一夜未睡,好几次爬起来看北斗星。北斗星是怎么运行的?为什么七颗星会排成一个斗状型?带着这诸多的疑问,在爷爷无法解释的情况下,只得去求教天文书了。在书中,他眼界大开,学到了很多天文知识。后来,张衡通过多方观测和刻苦钻研,创立了“浑天说”,制造了世界上第一架漏水转浑天仪,第一架测试地震的仪器“候风地动仪”和指南车等。现代著名文学家、史学家郭沫若对张衡给予了很高的评价,他说:“如此全面发展的人物,在世界史中亦属罕见。”

张衡之所以能成功,主要在于他爷爷非常支持他对天文学的兴趣爱好。假若不是这样,张衡的爱好被扼制在摇篮中,那么,就是另外一个张衡了,也不一定会扬名千史。所以说,孩子的兴趣和爱好是学习的主要动力,只要父母耐心扶持,兴趣可以创造奇迹!

# 给孩子适度的自由
GEI HAI ZI SHI DU DE ZI YOU

根据孩子每个时期的成长特点，相关早教专家指出：0至3岁，是父母的“安排期”，孩子具有玩游戏和好奇的天性，这些行为一般在父母指导下进行，帮助孩子学习语言，发掘兴趣；3岁以后，孩子进入了“自主期”，开始对社会活动感兴趣，如果孩子发现感兴趣的事情，或者融入孩子间的社交活动，就不会感到无聊或孤单；5至6岁是孩子的“社交期”，到了这个年龄段，孩子一般不喜欢过多待在父母身边，喜欢与同龄孩子玩耍。这个时候，家长不宜过多限制孩子，应给他们适度的自由空间。

专家指出，要重视孩子的天性，多给孩子一些自由玩耍和游戏的时间。因为通过玩耍，孩子们可以学会与人相处、模仿伙伴们的行为，学会忍让、宽容、合作等人际交往的优良品质，甚至在玩耍中，逐步懂得尊重长辈、友善邻里的重要性。所以作为家长，应在孩子的玩耍和游戏中有意识地培养其学习兴趣,而不是违背孩子的成长规律,强制孩子做什么不做什么。管束过严,往往会事与愿违。

某公司按照风水先生的说法,在门口摆放着一个挺大的鱼缸,缸里放养了十几条色彩斑斓的杂交鱼,每条三寸来长,表示吸财的意思。

一转眼两年时间过去了,鱼缸里的鱼似乎没变化,依旧三寸来长一条。

一天,鱼缸的缸底被公司头头的顽皮孩子砸了一个洞,鱼缸里的水全漏掉了。大家急忙把缸里的鱼捞出来,放到了前面的喷池里,也算是给这些鱼儿暂时找了个栖息之地。两个月后,公司买回了新的鱼缸,大家又从喷池捞出那些鱼重新放回鱼缸,可令人想不到的是,仅仅才两个月,这些鱼每条都长大了一倍,有六七寸长一条了。大家乱哄哄议论成一片,同样是在有水的环境里生活,鱼的生长速度就截然不同,太令人不可思议。这时,公司的张秘书向大家解释道:“这是自然现象,喷池的自由活动空间大,鱼儿也会生长得快。”

鱼儿在自然环境中生长得快,那么人呢,也是同样的道理。现在的家长望子成龙心切,喜欢把孩子固定在一个狭小的空间,希望他们安心学习,考个好的大学成龙成凤。要知道,在这种环境下培养出来的孩子,即便能考上名牌大学,在创新和经受风浪考验方面,都要劣于自由空间大的孩子。根据调查显示,富有创意的孩子,家长为他们设定的规则平均在一个以下;而创意不够丰富的孩子,家长给他们设定的规则平均在六个以上。

给孩子自由的空间,并不是说随意放任孩子。对孩子的品德修养,重点是要培养孩子辨别是非的能力。如发现孩子有任性、无理、暴力、不孝敬长辈等这些行为,做家长的必须要严加管束。要让孩子明白:道德是一个人的灵魂,不可以轻视。

给孩子营造一个自由活动的空间,意在减轻孩子的各种压力。孩子们学习任务繁重,家长可以适当允许他们看看电影,陪他们打打球,跑跑步,或者鼓励他们做一些喜欢的事情。这样不但不会妨碍学习,通过舒缓和释放压力,可能更有利于学习进步。

# 培养孩子的责任意识

PEI YANG HAI ZI DE ZE REN YI SHI

家庭、幼儿园、社会对幼儿来说，是息息相关的。教育好孩子，首先要培养孩子的责任意识。孩子具备责任意识的前提是家庭、幼儿园的良好教育，更需要在社会这个大舞台中实践、锻炼。良好的责任意识，不但是孩子成熟的重要标志，也更能让他们懂得孝敬长辈，关心他人。

某幼儿园教室里有一块纸巾，当老师上课发现纸巾时，问道；"是哪个小朋友丢的呀？把它捡起来。"老师话语一出，小朋友们你望着我，我望着你，都不做声。老师见大家不回答，又问了一次。最后，有个女生指着一旁的男生小华说："是他刚才丢的。"小华脸一红，低着头说："是妈妈给我的纸巾。"老师点点头对小华说："妈妈给你的纸巾，是给你擦鼻涕用的啊，用完了怎么不把纸巾丢到垃圾桶呢？"小华这才拾起纸巾丢到了一旁的垃圾桶。垃圾桶离丢纸巾的地方只两步之遥，孩子却丢在地上，并把过错推到母亲身上，说到底是一种责任担当问题。又有一次上美术课，小华忘记带画册画笔了。老师问他怎么就忘了，他竟然说："是妈妈忘记给我拿了。"自己的书本画笔要妈妈拿，还把责任推给妈妈，不能不说这是一种缺乏责任感的表现。所以说作为家长，要着意培养孩子的责任感和动手能力，他们能够做的事情尽量督促他们自己动手去做，不宜事事包办替代。

培养孩子的责任意识，首先要教育他们有担当精神，如果做错了，也要勇于改正；没做好的事情，鼓励孩子从头再来，直至满意为止。唯有这样，才能使他们对自己的行为负责，才有可能把握好自己的言行，做自我情绪的主人。只要有责任心，天下没有做不好的事情。对于孩子来说，无论在学校、在家里，与人交往，都要培养他们的责任意识和担当精神。

幼儿模仿能力强，尤其是看动画片，有些情节有可能对孩子产生影响，所以做家长的最好陪伴在左右，耐心加以疏导。特别不要让孩子接触"暴力型"动画片，里面常常有激烈的打斗、厮杀场面。孩子缺乏判断能力和分辨能力及自控能力，一旦着迷，便会模仿其中的动作，继而把它们带入日常生活中，久而久之便会产生暴力倾向，对孩子的成长极为不利。

培养孩子的责任意识，需从大处着眼小处入手，脚踏实地一步一个脚印，使他们尽可能明白大事需从小事做起的道理。

东汉时期的陈蕃，学识渊博胸怀大志。他少年时发奋读书，立志以天下为己任。有一天，他父亲的好朋友薛勤来到他的书斋看他，发现门前杂草丛生，秽物满地，便问他怎么不扫除干净。陈蕃笑道："大丈夫处世，当扫天下，安乎一屋乎！”薛勤当即反问道；“一屋不扫，何以扫天下？”陈蕃听了，觉得很有道理。从此，他开始注意从身边的小事做起，最终成为一代名臣。

的确，小事不做，何以成大事？从某种意义上说，从身边的小事做起，就是一种责任感的体现。没有责任感，什么事情都做不好。所以，在教育孩子的时候，要有意识地让孩子主动参与到平常的点滴事情中，以此激发孩子的责任感。孩子通过锻炼，原本隐藏的责任意识在完成任务的过程中就有可能被唤醒、被激发出来。比如帮助父母一起做家务，帮助干些力所能及的家务活，让他们懂得家务事不单是大人的事，也是做子女的责任，是锻炼自己的好机会；在学习上，完成作业后，要督促他们认真检查，形成一种习惯。久而久之，就会形成良好的学习习惯；在为人处世上，遇到别人需要帮助的时候鼓励孩子尽量帮助，要教育孩子明白相互帮助是一种美德的道理，这样才有可能让孩子带着责任去做。

## 父母要把一半爱藏起来

FU MU YAO BA YI BAN AI CANG QI LAI

宠爱孩子是父母的天性，但聪明的父母会把爱藏起来一半。因为他们明白：过分宠爱孩子，会使孩子滋生不良习气。

1920年，有位11岁的美国男孩踢足球时不小心打碎了邻居家的玻璃，人家索赔12.5美元，这在当时可是一笔不小的数目。自知闯了大祸的男孩在向邻居赔礼道歉之后，怀着愧疚的心情对父亲说："我没有钱赔人家。"父亲对男孩说："你必须对你的过失负责任。这12.5美元我先借给你，一年以后还我。"男孩答应了，从此开始了艰苦的打工生涯，半年之后，终于挣足了12.5美元，还给了父亲，这位男孩就是后来的美国总统里根。后来他在回忆这件事时说：正是因为当时父亲的坚持，让他通过劳动来为自己的过失买单，使他懂得了什么叫责任。

现实生活中，有不少父母对孩子宠爱有加，吃饭怕烫着，走路怕摔着，睡觉怕冻着。他们几乎处处担忧，事事操心，千方百计要安排好孩子的一切。要知道,在这种环境下成长起来的孩子,经不起任何风吹雨打,到头来不是被风浪淹没,就是被狂风击倒。对孩子的爱隐藏一半,让他们在风雨中成长,培养他们吃苦耐劳的品性,是促子成才的关键环节之一。

南北朝(南梁)时期中书令徐勉,虽身居高位,但为官清正廉洁,谨慎节俭,不营置家产。平时所得俸禄,大部分救济了穷人,所以家中没什么积蓄。他的门客和朋友劝他为子孙后代留置些产业,他回答说:“别人给子孙留下财产,我给子孙留下清白。子孙如有德能,他们自会创置家业;如果他们不成材,即使我留下家产也没用。”不但如此,徐勉经常教育子女要重品德操守,他写信给儿子徐崧说:“我们家世代清廉,所以平常日子过得清苦。至于置办产业一事,我从来就没想过,不仅仅是不经营而已。古人说:‘把整筐的黄金留给子孙,不如教他们读一门经书。’仔细研究这些言论,的确不是空话。我虽然没什么才能,但有自己的心愿,幸得遵古人这个教训去做。因为我认为只有将宝贵的清白留给后代,才能让后代享用无穷。”徐勉的这封家书足见他的高贵品质,也是有识之士用来教育后人的典范。后来,他的儿子徐崧成为了有名的贤士。

财富对于人来说,既可用来开创事业,又能消弭人的斗志。留给子孙清白,更能激发子孙的积极性和创造性,不至于坐吃山空。不能不说,徐勉的教子方法,时至今天仍然值得大力推崇。留给子孙清白,或许有的人不以为是。其实,这是一种最明智的方法,也是对子孙后代的爱护。若按现在的说法,叫父母对子女的爱藏起来一半。一半,是培养教育好子女的品德,则另一半是以清白激发子女发愤图强。

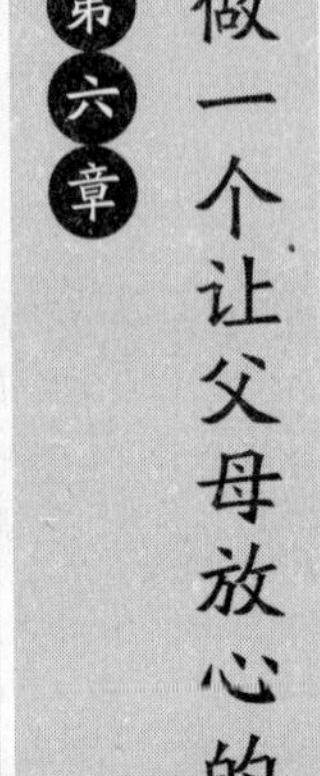

# 第六章 做一个让父母放心的孩子

儿行千里母担忧，在父母眼中，无论儿女有多大，都是个长不大的孩子，无时无刻不牵挂于心。这份无私和深沉的爱，是任何情愫都难以替代的。作为子女，面对父母的唠叨不休，甚至是无数次的重复叮咛，切忌不可以厌烦。要知道，儿女永远是父母的心头肉，父母视儿女的安危比自己的生命都要重要。做子女的，不但要体谅父母的一片苦心，更要耐心倾听父母的心声，出门在外更要适时给父母报个平安，给父母一颗“定心丸”，以慰藉父母的牵挂心。做个让父母放心的孩子，不只是一种表现形式，更是发自肺腑的真情孝心。

## 做个孝敬父母的孩子
ZUO GE XIAO JING FU MU DE HAI ZI

网上有一篇演讲稿，是一名叫孙向红的学生写的，标题叫《做一个孝敬父母的好孩子》。全文虽然不长，读起来颇含深意，不妨辑录如下：

尊敬的老师、亲爱的同学们：

大家好！我今天演讲的主题是《做一个孝敬父母的好孩子》。

同学们，你还记得在学校感恩亲情的活动中，自己为爸爸妈妈做了哪些事吗？

你是否为劳累一天的妈妈送上一杯热茶？你是否向天天接送你上学的爸爸道声"辛苦"？你是否为腰酸背痛的妈妈捶捶背？你是否为总把好东西留给你的爸爸妈妈道声"谢谢"？你是否为总给你买礼物的妈妈准备过一件小礼物？你是否为了你学习操心的妈妈而暗暗下决心好好学习呢？你是

否在父母生病时给予安慰和照顾呢?

你是一个孝顺父母的孩子吗?

要做一个孝敬父母的好孩子,首先要听从父母的教导。父母是我们人生的第一任老师,他们是天底下最爱我们的人,也是对我们最负责任的人。他们的正确教导我们要永记心田。其次,我们要关心父母的身体健康。父母整日忙碌,为家、为我们操劳许多,甚至有时爸爸妈妈生病了也去辛苦工作。那么,我们该做什么呢?我们要主动帮助父母做一些力所能及的事,如洗碗、倒垃圾等。周末有空了可以给爸爸妈妈送上一杯“心意茶”,做一顿简单的“暖心饭”,说几句感人的“贴心话”……让父母为我们的长大懂事而高兴。第三,不让父母为我们担心。不让爸爸妈妈为我们的学习担心,这就要求我们好好学习,听从老师的教导,认真完成学校的各项作业,争取优良成绩;不让爸爸妈妈为我们的安全担心,要学会自我保护,放学按时回家,外出和回家都要和父母打招呼,外出时告知父母自己的去向,让父母能够找到,不和陌生人交谈等;不让爸爸妈妈为我们的健康成长担心,我们要学会健康生活,和一些不良的生活习惯说再见,不进网吧、不进游戏厅等,多参加有益的活动,积极参加体育锻炼。

同学们,父母长辈的亲情伴随着我们健康成长,他们的爱为我们遮风挡雨,他们的爱为我们克服艰难险阻,他们的爱让我们的世界充满阳光。我们在享受亲情的同时也要学会感恩亲情,做一个孝敬父母的好孩子。

在校好好学习,放学回家后帮妈妈做些力所能及的家务事,虽然看起来简单,做起来却并不一定人人都能做到,或者说很难坚持下去。有的孩子心血来潮了做一下,平时很少动手。宁愿玩游戏,也不愿帮一把,甚至连吃饭也得爸爸妈妈三请四唤。帮助爸爸妈妈干些力所能及的家务活，一则锻炼了自己的劳动能力，二则会使爸爸妈妈由衷的高兴，进而架起父母与子女之间进一步沟通的桥梁。为什么近年来父子两代人之间的鸿沟越来越大，最根本的原因是各忙各的，相互间缺少沟通。

《弟子规》的首句是“弟子规，圣人训，首孝悌，次谨信，泛爱众，而亲仁，有余力，则学文”。意即是小孩子必须先要懂得孝敬父母，尔后才去学习文化知识。

汉朝的时候，有一个叫黄香的人，九岁的时候，就懂得孝顺长辈。每当烈日炎炎的夏天，黄香就用扇子对着父母的蚊帐煽风，让枕头和席子更凉爽些，让父母可以舒适地睡觉。到了寒冷的冬天，黄香就用自己的身体暖父母的被子，让父母睡起来觉得暖和。后来，黄香以“天下无双，江夏黄香”而闻名，当上了以孝悌著称的好官。

孝敬父母，不在于如何给父母吃好穿好，而是一种无微不至的关心和敬爱，就像黄香一样，从力所能及的小事情做起！

# 与傲慢说再见

YU AO MAN SHUO ZAI JIAN

傲慢是前进中的绊脚石，持傲慢心态的人，往往唯我独尊，不把别人放在眼里，使自己与外界竖起一道无形的“城墙”，故而变得狭隘、自私、目中无人。持傲慢偏见的人，无疑会为此付出沉重的代价。

三国时期，曹魏将领邓艾率奇兵消灭西蜀后，不觉有些居功自傲起来。他擅自循东汉将军邓禹以前作法，以天子的名义，任命大批官吏。他拜刘禅行骠骑将军、蜀汉太子为奉车都尉、诸王为驸马都尉；对蜀汉群臣，则根据其地位高低，或任命他们为朝廷官员，或让他们领受自己属下的职务。他曾对蜀国士大夫们说：“诸位幸亏遇上我，所以才有今日。如果遇上像吴汉这样的人，你们早被杀掉了。”他还说：“姜维自然是一时的雄杰，但与我相遇，所以穷途末路。”有识之士见他如此矜夸，背地里往往嘲笑他。这些，成了野心家钟会置他于死地的口实。姜维等人降于钟会后，钟会大喜,迫不及待地上表向司马昭表功。

窃取曹魏朝政大权的司马昭对邓艾本就有防范之心,现在看他目空一切,不把朝廷放在眼里,恐防有变,于是将他调回京当太尉,来了个明升暗降,削夺了他的兵权。邓艾虽有军事才能,却不能知己知彼,不清楚自己的危险处境。满以身为太尉,对魏国承担的使命尚未完成,还有东吴尚待自己去剿灭。因而上书司马昭说:“我军新灭西蜀,应以此胜势进攻东吴,东吴人人震恐,所到之处必如秋风扫落叶。为了将养兵力,一举灭吴,臣奏请率领几万兵马做好准备。”司马昭看了他的上书,更存疑心。使命人晓谕邓艾说:“临事应该上报,不该独断专行,封赐蜀主刘禅。”邓艾争辩道:“我奉命出征,一切都听从朝廷指挥。我之所以封赐刘禅,是考虑到以此举感化东吴,为灭吴作准备。如果等朝廷命令来,往返路远,迁延时日,于国家的安定不利。《春秋》说,士大夫出使边地,只要可以安社稷、利国家,凡事皆可自己做主。邓艾虽然比不上古人更有节义,却还不至于干出有损国家的事。”这一席话,邓艾说得堂而皇之,可对于司马昭来说,无异于火上浇油。这时,朝中本对邓艾不满的钟会等臣子找到了攻击邓艾的机会,纷纷上书诬蔑邓艾心存叛逆,要求诛之。司马昭最终决定要除掉邓艾,以免去这心头之患,于是派人将邓艾秘密杀害了。由此可见,傲慢是一种恶习,不但对他人是一种无礼,对自己更是一种伤害。俗话说得好:成功常在辛苦日,败事多因得意时。骄傲自满,妄自尊大,最终会断送了自己的未来。

尤其是正在成长中的孩子,切记要谦虚谨慎,戒除傲慢之气。无论家境多么富有,学习成绩多么的好,也不要沾沾自喜。要知道,尺有所短,寸有所长,任何事物都有它的两面性。

有则寓言故事:一只苍蝇自以为能战胜狮子,要与狮子比个输赢。它吹着口哨飞到狮子身上没毛的地方叮咬,狮子气得用爪子把脸都抓破了,还是没能逮住苍蝇,只好认输停战。苍蝇战胜了狮子,非常得意,于是它继续吹着口哨,横冲直撞地在天空中飞来飞去,结果没注意时,撞到了蜘蛛网上,被蜘蛛抓住了。临死的时候,它哀叹道:"我战胜了强者,没想到会被弱者消灭。"

这则故事告诉我们:不管我们曾经如何的辉煌,也不要骄傲自满。否则将以失败告终。

# 知足即是富有
ZHI ZU JI SHI FU YOU

知足是一种境界，也是一种大度。

有一个年轻人，终日愁眉不展，埋怨自己时运不济，发不了财。有一天，年轻人正慢悠悠地走在路上，过来一个老年人。老人问道："年轻人，为什么闷闷不乐呀？"年轻人哭丧着脸说："我不明白，为什么我总是这么穷。"老人上下打量了年轻人一眼，笑呵呵道："穷？你很富有嘛！"年轻人白了老人一眼说："我身无分文，哪里富有了？"老人说："你四肢健全，就是富有呀！假若现在斩掉你一根手指头，给你一千元，你干不干？"年轻人摇头说："不干。"老人又说："假若斩掉你一只手，给你一万元，你干不干？""不干"年轻人毫不犹豫道。老人笑了笑，继续道："假若使你双眼失明，给你十万，你乐意不？""不乐意。"年轻人有些烦老人了。然老人仍滔滔不绝地问："假若给你一百万,让你变成八十岁的老头,你乐意吗?”年轻人苦笑道:“谁乐意谁是傻子。”老人不依不饶问道:“假若给你一千万,让你马上死掉,你会吗?”年轻人道:“人死了要钱干嘛?”老人抚须笑眯眯道:“这就对了,你已经拥有超过一千万的财富了,为什么还哀叹自己贫穷呢?”年轻人听了,愕然无言,什么都明白了。

很多时候,人都有种身在富中不知富的失落感,总认为与那些腰缠万贯的富豪比起来,自己是个一文不值的穷人。殊不知,富翁有富翁的苦恼,穷人有穷人的乐趣。只要有颗知足的心态,比什么都强。正所谓:房子不在大,够住就行;钱不在多,够花就行;誉不在多,健康就行。

古时候,有个叫爱地巴的穷人,一生气就围绕自家的房子和土地跑三圈。后来,他富有了,生气时仍然围绕房子和土地跑三圈。这时,他的孙子不解地问他:“阿公,你生气就围着房子和土地跑,这是为什么呢?”爱地巴说:“年轻时,遇有生气的事,我围绕房子和土地跑,是在提醒自己:家里的房子和土地这么少,哪有时间去生气呢?一想到这些,我的气就消了,也能一心一意劳作了。”孙子又问:“如今成了富人,阿公生气时为何还要围绕房子和土地跑呢?”爱地巴笑道:“如今一生气围着房子和土地跑,我会边跑边想,我房子这么大,土地这么多了,还有什么气可生的呢?”

乍一看,这是个自我调节情绪的小故事,然其中蕴含了一个道理:从不知足到知足,心态最重要。老人年轻时以不知足来激励自己创造财富,当有了一定财富后,老人觉得该知足了,通过浏览财富来调节自己。而生活中往往有许多人，得寸进尺，永不知足，最后是竹篮打水——一场空。我们说知足即是富，不是说裹足不前，在学习和事业上，要有种永不知足的追求精神；而在金钱和个人利益上，要知足常乐。老子说："罪莫大于可欲，祸莫大于不知足，咎莫大于欲得，故知足之足，常足矣。"意思是罪孽没有再大于任情纵欲，祸患没有再大于不知满足，罪过没有再大于贪得无厌。所以，知道满足的人，永远是知足者。

# 珍惜身体也是孝心

ZHEN XI SHEN TI YE SHI XIAO XIN

爱惜自己的身体,即是为了更好地学习和工作,也是为了更好地履行赡养父母的义务。所以说爱护珍惜好自己的身体,也是一种孝心。

有一次孔子端坐上位,曾子坐在一旁等待教诲。孔子说:“先前的圣王有最美好的品德和最令人佩服的做人原则, 他们把这些用来治理天下,让民众学习和效法,社会上就会出现和睦相处的好风气,官吏和民众之间就没有相互怨恨的现象。你知道这是什么样的品德和原则吗?”曾子马上站起来说:“曾参我不够聪敏,没有能力知晓这么深刻的道理,请老师指教。”孔子说:“孝这个事情,是道德的根本,人需要教育的原因也在这里。请你坐下,我说给你听。我们的身体毛发皮肤是父母给我们的,我们必须珍惜它,爱护它,因为健康的身心是做人做事的最基本条件,所以珍惜它,爱护它就是行孝尽孝的开始。让自己健康成长，按正确的原则做人、做事，让自己的名字为后人所景仰，就会让后世知道自己的父母教导有方，培养出了一个优秀儿女，这是人行孝尽孝的结果。总的讲，行孝尽孝的开始就是要孝顺父母，长大成人就要忠于国家和君主，最终就是要对他人和社会有所贡献，能实现自己应有的人生价值。因此，《诗经·大雅》中讲：不要忘记你的祖宗和父母，这是人生最需要修养的道德。”

三国时期，夏侯惇是魏国的大将军。有一次，曹操征讨陶谦，派夏侯惇为前锋，路上与吕布相遇。夏侯惇与吕军大战了几十个回合，对方不敌落荒而逃，夏侯惇乘胜追击，却不料中了对方的圈套，被一个叫曹性的将军搭箭射中左眼，夏侯惇左眼立时血流如注。他大吼一声拔出箭头，却不料把眼珠子带了出来。夏侯惇见状，愤然道：“身体发肤，受之父母，岂能丢掉。”于是张口将眼珠子吞进了肚，接着又奋勇杀敌，终于取得了胜利。

儿行千里母担忧，最挂念我们的，莫不过父母了。所以，为了不让父母惦念，我们要时刻爱护好自己的身体，不管走到哪，都要及时给父母报个平安，以消除父母的担心。

曾国藩不但是一代名臣，也是一个有名的孝子。他无论是在外求学还是做官，都不忘时常给家人写信，不让父母担心。在一封家书中，曾国藩写道：“九弟前病中思归，近因难觅好伴，且闻道上有虞，是以不复作归计。弟自病好后，亦安心不甚思家……男于二月初配丸药一料，重三斤，约计费钱六千文。男等在京谨慎，望父母亲大人放心，男谨禀。”这些家书，字字句句，无不饱含了他对父母亲的孝敬之情。

现实生活中，有不少兄弟相残或动辄轻生的事件发生，这些除了品性的问题外，是最不孝顺父母的表现。要知道，父母从小好不容易把我们培养成人，是希望我们能够延续香火振兴家门。儿女永远是父母的“心头肉”。倘若做儿女的不能尽到赡养父母的责任，又有什么人性道义可言？让父母牵肠挂肚甚至伤心悲痛，还有什么孝心可言？

## 勤俭的孩子有出息

QIN JIAN DE HAI ZI YOU CHU XI

说到勤俭,有个这样的民间故事:

从前,在中原的伏牛山下,住着一个叫吴成的农夫。吴成一生勤俭持家,日子过得无忧无虑。在他临终前,把一块写有"勤俭"二字的匾额交给两个儿子,告诫他们说:"你们要想一辈子不挨饿,就得照着这两个字去做。"后来,兄弟俩分家时,将匾额一锯两半,老大分得了一个"勤"字,老二分得一个"俭"字。老大把"勤"字恭恭敬敬高悬家中,每天"日出而作,日落而息",年年五谷丰登。然而他的妻子过日子大手大脚,不知道节俭。在她的影响下,孩子们天天要吃好的穿好的,常常将白馍吃了两口就扔掉。经这样一折腾,家里没存一点余粮。老二自从分得半块匾后,也把"俭"字当作"神谕"供放中堂,却把"勤"字忘到九霄云外了。他疏于农事,又不肯精耕细作,每年收获的粮食就不多。尽管一家几口节衣缩食、省吃俭用,仍然难以维持下去。这一年遇上大旱,老大、老二家中都早已是空空如也,他俩情急之下扯下字匾,将“勤”“俭”二字踩碎在地。这时,突然有张纸条从窗外飞进屋内,兄弟俩连忙拾起一看,上面写着:“只勤不俭,好比端个没底的碗,总也盛不满!”“只俭不勤,坐吃山空,一定要受穷挨饿!”兄弟俩恍然大悟,这才明白“勤”和“俭”两字原来不能分家。于是,他俩将“勤俭持家”四个字贴在自家门上,时时提醒自己,告诫妻室儿女,要以此为戒。从此以后,他们的日子过得一天比一天好。

勤俭节约历来是中华民族的传统美德,俗话说得好:节约好比针挑土,浪费犹如水推沙。不知道节约,就是有座金山银山,也会挥霍一空。

唐宋八大家之一的苏轼21岁中进士,前后共做了40年的官,做官期间他总是注意节俭,常常精打细算过日子。公元1080年,苏轼被降职贬官来到黄州,由于薪俸减少了许多,他穷得过不了日子,后来在朋友的帮助下,弄到一块地,便自己耕种起来。为了不乱花一文钱,他还实行计划开支:先把所有的钱计算出来,然后平均分成12份,每月用一份;每份中又平均分成30小份,每天只用一小份。钱全部分好后,按份挂在房梁上,每天清晨取下一份,作为全天的生活开支。拿到一小份钱后,他还要仔细权衡,能不买的东西坚决不买,只准剩余,不准超支。积攒下来的钱,苏轼把它们存在一个竹筒里,以备急时之需。苏轼的这种节俭精神,被传为千古佳话。

现在我们不少家庭的孩子,父母倾其所有供他们吃好穿好,这还不算,每月给的零花钱少则几百,多则上千。孩子大手大脚花钱如流水,眉头都不会皱一下,这无异于助长了孩子铺张浪费的奢侈习性,对孩子的成长极为不利。作为孩子,应该从小时候开始养成勤俭节约的良好习惯,懂得勤俭兴家的道理。根据历史以往的事例证明:知道勤俭节约的孩子,知道父母的艰辛,往往更懂得孝顺父母,将来在社会也会更有出息。

# 学会控制坏情绪

XUE HUI KONG ZHI HUAI QING XU

青少年血气方刚，情绪容易冲动，如果不懂得调控情绪，任其发展，不仅会伤害到他人，也会伤害自己的身心健康。

小强在学校是个好学生，在家里也是个乖孩子。可是有一天，小强在与伙伴玩时，为争抢一个小篮球，小伙伴不经意间推了他一下，小强没有防备摔倒在地，这下小强不干了，爬起来动手与伙伴对打起来。后来，伙伴的母亲看到了，认为是小强先动手打的人，于是告到小强父母这里。小强的母亲不由分说，动手打了小强几下。一向自尊心强的小强受到了极大委屈，索性离家出走。后来，虽然小强被父母亲找回，但小强情绪低沉，不吃不喝，与谁也不说话。经老师上门细心开导，小强的思想才转过弯来，认识到自己不该与伙伴对打。

日常生活中，有很多事情会让人产生愤怒情绪。特别是小学生，对情绪的控制力不强，很容易被一些小事激怒。在这种时候，就要用理智的态度来控制不良情绪的蔓延。当你动怒时，首先冷静下来问一下是为什么？值不值得我生气？生气能解决问题吗？同时强迫自己不要生气，坚持一分钟，再坚持一分钟。只要挺过了两分钟，坏情绪有可能会自动退缩。再者，遇到要生气时，可以出去走走，听听音乐，和好朋友聊聊天。再就是心理换位法，所谓换位法，就是站在对方的角度来想问题。比如说小强与小伙伴争抢篮球，要是小强能够想到对方是顺手推了自己一下，不是有意要推倒自己，况且也没受什么伤。假若是自己，抱着篮球遇对方来抢，也有可能要推开对方。要是这样站在对方的角度想想，会觉得自己有些过头了。这样，不良情绪就会减弱，甚至烟消云散。

有一个坏脾气的男孩，他父亲给了他一袋钉子，并且告诉他，每当他发脾气的时候就钉一颗钉子在后院的围栏上。第一天，这个男孩钉下了三十七颗钉子。慢慢地，男孩每天钉钉子的数量减少了，他发现控制自己的脾气要比钉下那些钉子容易。于是，有一天，这个男孩觉得自己再也不会失去耐性，乱发脾气了。

男孩高兴地告诉父亲，说自己懂得如何控制脾气了。父亲又说，从现在开始，每当你能控制自己脾气的时候，就拔出一根钉子。一天天过去了，最后男孩告诉他的父亲，他终于把所有钉子给拔出来了。

父亲拉着他的手来到后院，指着围栏说"你做得很好，我的好孩子！但是看看那些围栏上的洞，将永远不能恢复到从前的样子。你生气的时候说的话就像这些钉子留下的疤痕一样。如果你拿刀子捅别人一刀,不管你说了多少次对不起,那个伤口将永远存在。话语的伤痛就像真实的伤痛一样,令人无法承受。”

这是一个颇富哲理控制坏情绪的故事,生活中,像男孩一样的小孩不少,动不动就朝家长发脾气,给同学脸子看。受了家长或老师批评,就开始赌气撒野,以不吃饭或不上学的方式来对抗,这是一种很不好的习气。有这种不良情绪的孩子,若任其这样发展下去,危害是很大的。不仅会影响到自己的将来,更会影响到周围的人际关系,以至于坠入孤独无助的生活状态。

清朝初期的著名学者、史学家万斯同,小的时候也是一个坏脾气的孩子。一次,万斯同由于顽皮,在宾客们面前失礼,遭到了宾客们的批评。万斯同恼怒之下,掀翻了宾客们的桌子,被父亲关到了书屋里。万斯同从生气、厌恶读书,到闭门思过,经历了一个痛悔的转变过程。在书屋里,他从《茶经》中受到启发,开始用功读书。转眼一年多过去了,万斯同在书屋读了很多历史书籍。后来父亲原谅了儿子,而万斯同也明白了父亲的良苦用心。万斯同经过长期的勤学苦读,终于成为一位通晓历史博览群书的著名学者,并参与了《二十四史》中《明史》的编修工作。

坏脾气源于坏情绪,它是一把刺向别人也会伤害自己的软刀子。这个世界上,谁都不会喜欢坏脾气的人。克服坏情绪,修炼好的脾性,不但会深得父母家人和老师同学的喜爱,更能拓展自己的未来!

## 主动与父母交流
ZHU DONG YU FU MU JIAO LIU

人与人只有通过交流沟通，才能建立情谊。儿女和父母也一样，通过交流才能加深感情。做儿女的，要主动与父母沟通，学习父母的长处，借以消除代沟。

晋代书法家王献之自小跟父亲王羲之学写字。有一次，他要父亲传授写字的秘诀，王羲之没有正面回答他，而是指着院里的十八口水缸说："秘诀就在这些水缸中，你把这些水缸中的水写完就知道了。"王献之心中不服，认为自己人虽小，字已经写得很不错了。于是下决心再练基本功，要在父亲面前显示一下。他天天模仿父亲的字体，练习横、竖、点、撇、捺，足足练习了两年，才把自己写的字拿给父亲看。父亲笑而不语，母亲在一旁说："有点像铁钩了。"王献之又练了两年各种各样的字钩，然后又给父亲看，父亲还是不言不语，母亲说："有点像银钩了"。王献之这才开始练完整的字，足足又练了四年，才把写的字捧给父亲看。王羲之看后，在儿子写的"大"字下面加了一点，成了"太"字，因为他嫌儿子写的"大"字结构上紧下松。母亲看了王献之写的"太"字，叹了口气说："我儿练字三千日，只有这一点是像你父亲写的！"王献之听了，这才彻底服了。从此，他更加下工夫练习写字的基本功了。

王羲之看到儿子用功练字，心里非常高兴。一天，他悄悄走到儿子的背后，猛地拔他手中的笔，没有拔动，于是他赞扬儿子说："此儿后当复有大名。"王羲之知道儿子写字时有了手劲，这才开始悉心培养他。后来，王献之真的写完了这十八缸中的水，与他的父亲一样，成了著名的书法家。

主动与父母交流，王献之堪称典范。要是他不能主动请教父母亲的写字技巧，没有一种锲而不舍的追求精神，他也成不了流芳百世的书法大家。

主动与父母交流，不但能从父母身上吸取做人处事的好经验，同时，通过交流，还可以对父母的一些不好做法委婉地提出来，引起长辈的警觉。

古时候有个孩子叫孙元觉，从小孝顺父母，尊敬长辈，可是他的父亲对祖父却不孝敬，视为累赘。一天，他父亲把年老多病的祖父装在竹筐里，准备扛到深山把他扔掉。孙元觉拉着父亲的手，跪着哭求他不要这样。但他父亲呵斥孙元觉，执意要扔掉祖父。孙元觉失望中灵机一动，对父亲说："既然你一定要扔掉祖父，我也没办法，但我有一个要求。"父亲瞪着眼，问他有什么要求。孙元觉说："那个竹筐请父亲不要扔掉，把它带回来。"父亲没好气道:“你要竹筐干什么?”孙元觉说:“留着它,等你老了要用。”他父亲一听,十分生气道:“你怎么能这样?”孙元觉气呼呼说:“你是怎么教育儿子的,儿子将来就会怎么做。”他父亲一听,立时什么都明白了,不由为自己的不孝举动懊悔不已。从此以后,对父亲孝敬有加。

在与父母的交流过程中,当你的观点与父母有分歧时,在要求他们理解你的同时,你不妨与父母进行一下心理换位,假若你是父母,遇到这种情况会怎么想。通过换位思考,或许你会发现自己确有欠妥的地方。不管怎么说,晚辈对长辈应予以尊重,交流只有定位在尊重的前提下,才能加深两代人之间的沟通和理解,填平两代人之间的代沟。

# 学会谦恭礼貌
XUE HUI QIAN GONG LI MAO

谦恭礼貌历来是中华儿女的传统美德，是道德教育首倡的主要内容之一。学会谦恭礼貌，需要从孩提时做起，以养成孩子们知谦虚懂礼貌的良好习惯。

春秋时期，孔子和他的学生们周游列国，宣传他们的儒家思想。一天，他们驾车去晋国途中，发现一个孩子在路中间堆起一堆碎石瓦片玩，挡住了他们的去路。孔子便说："你不该在路中间堆这些，挡住我们的车。"孩子指着地上说："老人家，你看这是什么？"孔子仔细一看，发现小孩用碎瓦砾堆起了一座城堡。这时孩子又说："您说，是城给车让路，还是车给城让路呢？"孔子不知怎么回答才好，问小孩道；"你叫什么，几岁啦？"小孩说："我叫项橐，七岁。"孔子回过头来对学生们说："项橐七岁懂礼，可以做我的老师啊！”

这虽然是个有调侃意味的小故事，从中不难看出，小孩的童真可爱和孔子的虚心好学，是值得世人称道的。孔老夫子一生倡导“孝悌忠信礼义廉耻”，他自己也不愧是谦恭守礼的典范。有一次，他得知弟子宫敬叔奉鲁国国君之命，要去周朝京都洛阳朝拜天子。于是在征得鲁昭公同意后，与宫敬叔一道去洛阳，借此向周朝守藏史老子请教有关“礼制”的学问。

来到洛阳的第二天，孔子便徒步来到守藏府拜见老子。老子听说誉满天下的孔子前来求教，忙放下手中刀笔，整衣出门迎接。孔子拜过老子后，老子问孔子为何而来，孔子离座回道：“我学识浅薄，对古代的‘礼制’一无所知，特来向老师请教。”老子见孔子如此谦恭，便详细抒发了自己的见解。孔子回到鲁国后，学生们纷纷打听老子的学识究竟如何，孔子说：“老子厚古通今，懂礼乐之源，明道德之归，的确是我的好老师。”接着又打了几个比方赞扬老子：“鸟儿，我知道它能飞；鱼儿，我知道它能游；野兽，我知道它能跑。善跑的野兽我可以结网逮住它，会游的鱼儿我可以用丝条缚在鱼钩上钓到它，天上的鸟儿我可以用良箭把它射下来。至于龙，我却不知道它是如何乘风云而上天的。老子，其犹龙耶！”

孔子的学识名满天下，令世人称道。而他对老子有如此的评价和敬佩，足见孔子的谦恭和礼貌。

周朝时，周公“一饭三吐哺”成为天下礼仪的典范。一天，周公正在吃饭，有客人来访，周公忙吐出口中未吞的饭菜，放下碗筷招待客人。送走客人，周公刚要吃第一口饭时，又有客人上门，于是周公又吐出饭菜，赶忙以礼相待。就这样，周公一顿饭三次接待来客，三次吐哺，丝毫不顾及吃饭的当口，一时传为美谈。

中国是个礼仪之邦，通晓谦恭礼貌，是我们每个人必备的行为准则。尤其是我们的中小学生，更应该从小时候开始，养成讲谦虚、有礼貌的良好习性。从某种意义上讲，讲谦恭、守礼貌是现代文明的重要组成部分，不可以低估和忽视。一个不懂得谦恭礼貌的人，在现代社会生存条件的竞争中，难以适应发展的需要，肯定是要被社会淘汰掉的。所以说，教育孩子怎样践行谦恭礼貌，是社会发展的要求，也是步入社会立稳脚跟的需要。

让孩子懂得谦恭礼貌，首先要树立尊重他人的意识，知道谦虚才能使人进步，明白尊重别人就是尊重自己的道理。其次要以基本的礼仪规范来约束孩子，比如：尊敬老师和学校其他工作人员，尊敬父母和长辈、团结同学和兄弟姐妹等。见到别人要热情洋溢，视其不同年龄予以称呼。社交场合，要懂得礼貌用语，如“请、谢谢、您早、您好、对不起、没关系、别客气、实在抱歉、给您添麻烦了、感谢您的帮助、欢迎您再来、再见、祝您一路平安”等。

谦恭和礼貌，涉及方方面面，是接人待物的基本行为规范，体现了一个人的文明综合素质。据有关人士统计，懂得谦恭礼貌的人，其成功率远要比那些无礼之辈且妄自尊大的人高出几倍甚至十几倍。所以，教育孩子从小养成谦恭礼貌的良好习惯，是培养教育孩子不可忽视的环节。

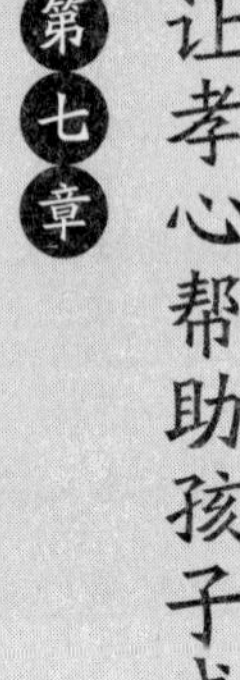

# 第七章 让孝心帮助孩子成长

父愿子成龙，几乎是所有父母的共同心愿。就父母而言，子女是全部的希望和寄托，孩子乖巧听话，学习勤奋，能帮助干些力所能及的家务，心中自然会倍感高兴。能让父母高兴，固然是孝心的真情体现。追根究底，孩子有没有孝心，关键在于是否知道感恩。从小懂得感恩的人，必定会孝敬父母，尊敬长辈，热爱周围的人和事，及至努力学好本领报效祖国。教育孩子树立远大理想，首先要不忘引导孩子有颗感恩心。孩子有感恩心才会懂得孝敬长辈与人为善，感恩心也更有益于孩子健康快乐地成长。

# 懂得感恩即是孝
DONG DE GAN EN JI SHI XIAO

感恩是对帮助过自己的人表达的一种感谢，无论是精神的还是物资的，懂得感恩的人，对父母的养育之恩自会以孝顺来报答；对别人给予的帮助，也会念念不忘。

西汉时期的开国功臣韩信，小时候家里很穷。他进取心强，每天用功读书，勤奋练武，但是没有生活来源，总是去别人家白吃白喝，所以受尽了别人的冷眼。为了不致受别人的嘲讽，他以钓鱼来换取口粮，却还是吃不饱。有个老妇人靠为人洗衣服赚钱，见韩信可怜，就把自己的饭菜分给他吃，天天都是这样，从未间断过。韩信感激地说："以后我一定要好好报答您"。老妇人生气地训斥他："我是可怜你才给你饭吃，难道还稀罕你的报答吗？"虽然如此，韩信从未忘记老妇人的恩情，他当了淮阴侯后，千方百计找到了老妇人，送给她千两黄金作为报答。

鲁迅不但是一位伟大的文学巨匠，也是孝敬母亲的典范。他的母亲是一位饱受痛苦的女人。31岁时，她唯一的爱女端姑病死，37岁时，丈夫又一病不起，于两年后亡故。社会的黑暗，父亲的离去，家境的败落，使鲁迅饱尝了世态的炎凉。处在长子地位的鲁迅，少年起就分担了母亲的重担。鲁迅曾对人说："阿娘是苦过来的！"因此，他一生对母亲都极为恭顺、孝敬。

鲁迅到北京参加工作以后，首先在生活上给母亲以关心和照顾，尽量使母亲过得舒适、安乐一些。他在北京与母亲同住期间，虽然工作忙、时间紧，但为了不让母亲感到寂寞，每天晚饭后都要到母亲房间与她聊天。平时，鲁迅在出门之前，总要先到母亲屋里转一转，说声："阿娘我出去哉！"回来后，也一定去母亲处说声："阿娘，我回来哉！"还时常带回些母亲喜欢吃的小食品。

鲁迅不但让母亲饮食可口，而且也尽量让母亲住得舒服。经济上并不宽裕的他，向别人借钱，在西三条胡同买了一所住宅。后来他对许广平说："至于西三条的房子，是买来安慰母亲的，绍兴的老房子卖了，买了八道湾的房子。她一向是住惯了自己的房子，如果突然租房子住，她会很不舒服的。"

母亲有时身体不适，鲁迅总是亲自陪着到医院诊治，亲自挂号、取药。后来，他因工作需要离京南下，每月还按时给母亲百元生活费，从不短缺。

除物质生活外，鲁迅在精神生活上对母亲也是体贴入微、关心备至。他母亲喜欢看古典小说，于是买来《西厢记》《镜花缘》等优秀小说，用以满足老人对文化生活的需要。鲁迅的好朋友许寿裳曾赞叹说："鲁迅的伟大，不但在其创作上可以见到，就是对待其母亲起居饮食，琐屑言行之中，也可以见到他伟大的典范。"

古人云:滴水之恩,必当涌泉相报。我们每个人有不同色彩的人生,但无论你的事业成功与否,在这世界上必定有值得你感恩的人。透彻体味它,你的心灵就会纯洁,你的人格就会伟岸,你的情感就会升华,你的人生就会灿烂。

感恩不是回报。我们从吮乳伊始,母亲慈祥和疼爱就会伴随着你的一生。你无论如何表现,也难以用语言和行动来回报的。可是,在当今社会,我们不得不承认的现实是:父母的爱心远远大于儿女们的孝心！父母对儿辈关怀备至的爱是无可挑剔的。然而,儿女们对长辈的爱往往体现在逢年过节的相聚和物质赠与的回报上。有多少人真正知道,老人最怕的是孤独,最希望的是儿孙绕膝的天伦之乐。能有多少人用真心唱出《常回家看看》?感恩不是物质,更多的是你内心灵魂的交融和真诚的流露。

学会感恩,会使你宽容。人生在世,谁没有苦恼和不平?人生不如意之事十之八九。但你不能够,也不可能改变你面临现实的一切。在你周围可能发生让你不愉快的事,有时你甚至是冤枉和委屈的,此时此刻,你要想他对你好的点点滴滴,哪怕只有一次或只有一点。你要生存,就要适应。所谓适应,你要学会宽容。宽容你以为容不下的一切不舒服的人和事！任何人和事,你若能感恩它,你就会让人感到你是既崇敬又可怕的人物,哪怕是感恩它的恶毒和诽谤。因为没有它的恶毒和诽谤,你可能永远是天真和幼稚,你将永远有失败和苦难的可能。

培养孩子的良好品德,要从培养感恩心开始。懂得感恩的人,品德自然会得到升华。像韩信那样,不忘曾经帮助过自己的人;像鲁迅那样,竭力回报父母的养育之恩。同时也要让孩子明白,做人不可以不懂得感恩,忘恩负义的人,永远遭人唾弃。

# 像孝敬父母一样尊重身边的人

XIANG XIAO JING FU MU YI YANG ZUN ZHONG SHEN BIAN DE REN

孝敬父母，是做人的根本。懂得尊重他人，更是一种美德。人可以不英俊，也可以不富有，但唯独不能缺少的，是尊重人。因为不懂得尊重他人的人，到头来只会碰得头破血流。

懂得尊重他人，也是在尊重自己。尊重二字的分量堪比黄金，你只有尊重他人，才能换来他人对你的尊重。

著名史学家杨时，一生专事著述讲学，先后学于程颢、程颐，同游酢、吕大临、谢良佐并称程门四大弟子。又与罗从彦、李侗并称为“南剑三先生”。晚年隐居龟山，人称龟山先生。

有一年，杨时赴任浏阳县令途中，不辞劳苦绕道洛阳拜师程颐，以求学问上进一步深造。这天，正值隆冬季节，天寒地冻，大雪纷飞。杨时与学友游酢顶风冒雪来到程颐家门口时，适逢程老先生坐在火炉旁打坐养神，二人不敢打扰老师，于是退出门外，等候先生醒来。此时的雪越下越大，二人身上披了一层厚厚的雪，虽冷得全身发抖，仍恭敬侍立门外，不敢贸然进屋。过了许久，程颐一觉醒来，从窗口发现站在门外的杨、游二人，心生感动，立时将他俩请进屋内。后来，杨时颇得程颐学问的真谛，被东南学者推为"程学正宗"。从此，"程门立雪"的故事广为流传，被作为尊师重德的典范。

或许，在有些人看来，杨时和游酢的举动未免有些迂腐可笑。然正是这种"师道尊严"的精神，才打动了程颐，才有可能使杨时等人学到真正的知识本领。

诸葛亮是家喻户晓的蜀国军师，为蜀汉的开疆拓土建立了不朽的功勋。假若当初刘备不能放下架子而"三顾茅庐"，或许弱小的蜀汉难以与强大的魏、吴抗衡。

尊重别人，不单是对自己有帮助的人，还包括对身边的所有人以及家人。不但要尊重长辈，还应尊重同辈和晚辈。孟子曰："老吾老，以及人之老，幼吾幼，以及人之幼。天下可运于掌。"孟子这段话的意思是：敬重自己的长辈，进而推广到敬重别人的长辈；抚爱自己的子女，进而推广到抚爱别人的子女。如果以这样的准则治理国家，治理天下就如运转掌心一样容易了。尊重是一个相互的过程，一个不会尊重晚辈的长辈，也很难得到晚辈的尊重。只有尊重他人，包括尊重同辈和晚辈，自己才会得到他人的尊重。

# 吃得苦才会有出息

CHI DE KU CAI HUI YOU CHU XI

常言道:穷人的孩子早当家。家庭条件的贫困,艰苦的生存环境,更能磨炼人的意志,激发孩子的学习热情。历史上的许多伟人志士,都是在艰苦的条件下勤学不辍,终于有所成就。

西汉时期的匡衡,家境很是贫困,但匡衡很爱读书,白天要下地劳动,只能靠晚上看书学习,但家里买不起蜡烛照明。隔壁邻居家有烛光,又照不到他家。于是匡衡想了个办法,在房间的墙壁上凿了个洞,晚上聚在洞口趁射过来的一丝光亮看书写字。同乡有个大户人家不识字,家中却有很多书籍,于是匡衡就到他家去做雇工,提出以看书作为报酬。主人感到很奇怪,问他是为了什么?匡衡说:"我喜欢看书,只是想把主人家的书都看一遍。"主人答应了他的要求,把藏书资助给他看。于是匡衡白天劳动,晚上勤学苦读。终于成为了西汉经学家,官至丞相。

同是西汉时期的路温舒,年少时非常热爱学习,可家里贫困,没钱去读书,只好替人放羊为生。有一天,他赶着羊群来到一池塘边,看见生长着一丛丛又宽又长的蒲草,路温舒灵机一动,采了一大捆蒲草背回家。他将蒲草晒干压平后,切成与竹简同样长短的蒲片编连起来,然后向人家借来书笔,将字抄写在这些蒲草上。每次放羊,他都带着这种自制的书,一边放羊一边读书。通过刻苦的学习和钻研,路温舒学识日渐丰富起来。又因为他精通汉文,熟悉法律,朝廷让他做了县狱吏、郡决曹史;后来他又学习《春秋》经义,举孝廉,官至廷尉奏曹掾、廷尉史、郡太守等职,成为了西汉时期有名的司法长官。

苦难能磨炼人的意志,激发人勇于向上的潜能。俗话讲的"吃得苦中苦,方为人上人",既是这个道理。善于吃苦的人,必是一个孝顺父母的人。因为以吃苦始者,多以享福告终,才有机会让父母享福。而贪图享福者,必然一事无成。真正会享福者,先要倍偿艰苦,而后才会苦尽甜来。

晋朝人孙康从小喜欢读书,但家境贫寒,上不起学,便向人借些书回家读。为了维持生计,全家人白天都得下地干活,孙康年纪虽小,也不例外。白天没有时间看书,晚上家里没有灯光,也不能看书。孙康便问父亲:"为什么别人家里有油灯,我们家没有呢?"父亲回答说:"油灯很贵,要买油灯全家都得饿肚子。"小孙康点点头,从此不再提油灯的事。

孙康借来的书要定时归还,为了多看些书,他经常在月光下读书,但是月亮的光线太暗,看了一会,双眼便有些发蒙。有一年冬天,下了一场大雪,孙康忽然发现,借着白雪的反光看书,要比在月亮光下看书清楚得多。孙康非常高兴,匍匐在雪地上如饥似渴地看起书来。从此后,每遇到下雪,孙康便不顾严寒,躺在雪地里读书,一读就是大半夜。时间长了,全身冰凉如冰棒,手脚都长满了冻疮,每次都是他父母把他强拉进屋才罢休。但是通过这种方法,他读了很多的书,也学到了很多知识。由于孙康具备了这种锲而不舍不怕苦累的追求精神,最后官拜御史大夫。

成功只会垂爱那些勤奋努力的人。在人的一生中,充满了太多的变数。然不可否认的是:无论面对什么样的困难和挫折,咬紧牙关挺过去了,离成功也就不会远了。

## 勇敢走好每一步

YONG GAN ZOU HAO MEI YI BU

人生是一段充满爱与美、伤与痛的旅程。无论前面的路有多么的难以预料，就像奔流不息的水一样，我们都难以回头。所以，向前走好每一步，是我们唯一的选择。

有这么一个故事：一个孤独的旅行者独自穿越荒凉的世界，被同行者骗光盘缠后，体力不支的他又碰到一匹与他一样饥饿的狼。饿狼不紧不慢地跟在他身后，连续走了几天，他都能看见那匹狼幽绿贪婪的目光。沿途白骨累累，身后跟着一个可以随时结束他生命的敌人，他几乎没有勇气和毅力走完剩余的路程了。最终，他还是咬紧牙关没有倒下去。他头昏眼花四肢无力但仍然坚定不移地迈着前进的步子，当饿狼准备向他发起最后攻击时，他拼尽全力抢先咬住了狼的脖子，由此夺得先机将狼毙命，并成功找到了一条可以回家的船只。

人生之路是没有退路的，前进的道路充满荆棘，困难和挫折无处不在。我们只有勇敢迈好每一步，就像孤独的旅行者一样，无惧无畏持之以恒，才有可能到达成功的彼岸。

古时候，有个年轻人名叫纪昌。他想拜著名的射箭手飞卫为师，学习射箭。飞卫对他说："你先回去练习不眨眼睛的功夫再来跟我学射箭吧！"纪昌听了飞卫的话，回到家里，练习不眨眼睛的功夫。他天天在妻子的织布机前看梭子来回运动。一晃两年过去了，纪昌来到飞卫面前说："用针尖在我眼前晃动我都不眨一下眼睛。"飞卫说："仅仅不眨眼睛还不行，你回去继续练习，把小东西看成大东西，然后再来我这里学习射箭吧！你只要下苦功，一定会成功的。"纪昌听了飞卫的话，回到家里用牛毛系一个小昆虫，整天不停地看着。一晃四年过去了，他已经能把昆虫看成车轮一样大了。于是他拿来弓箭，搭弓射箭，一箭正中小昆虫，牛毛丝毫未断。纪昌又来到飞卫那里，向他讲述了自己练习眼睛的过程。飞卫高兴地对他说："你已经掌握射箭的基本功夫，我可以教你射箭了。"纪昌跟着老师刻苦学习射箭，两年后，他已经学有所成，不论远近，只要弓箭能射到的地方，他都能射中。后来，纪昌离开老师，参军入伍。他参加很多次战斗，由于箭法神奇，多次立功，因此，他的故事被后人广为传颂。

成就一个梦想，除了要有顽强的毅力和坚韧不拔的意志外，还要有一颗毫不动摇的坚持心。

有一个农场主在巡视谷仓时，不慎将一只贵重的金表遗失在谷仓内，农场主为了找回金表，悬赏一百美元发动大家帮他寻找。但由于谷仓的东西堆积如山，要想找到那只金表，无异于大海捞针。人们忙到太阳下山遍寻无果后，只好灰心丧气回家去了，只有一个穿破衣服的小孩在众人离开后，仍然在继续寻找。他希望能得到这一百美元，解决一家人的吃饭问题。

天越来越黑，小孩在仓库内坚持寻找，希望有奇迹出现。突然，他发现一切喧闹平静下来后，听到一个奇特的声音"滴答滴答"不停地响着。小孩高兴极了，循着声音寻找，终于找到了金表，他因此得到了一百元美金。

这个故事告诉我们：成功的法则其实很简单，而成功者之所以稀少，是因为大多数人缺乏一颗坚持的心。只要有一颗坚持的心，勇敢走好每一步，任何困难都可以克服，任何梦想都有可能实现！

# 家教也需方法得当
JIA JIAO YE XU FANG FA DE DANG

家庭教育是培养孩子的重要环节，但是怎么样才能教育好孩子，一直是许多家长最关心的问题。在这里，不妨列举一个古人教育孩子的故事。

明朝万历年间，有一家共有三兄弟，老大孝顺廉洁，是个学问道德很好的人，颇得乡人敬重。老二后来进士及第，当时还没什么成就，但其德行也如兄长一样，为众人所称道，尤其是他那种谦逊有礼、平易近人的态度，更是被乡人作为表率而效仿。但是他们的弟弟由于与他们相隔岁数较大，父母对这个小儿子难免有些宠爱，因此老三长大了之后，整日无所事事，经常是一大早不见了人影，深更半夜才回家。

俗话说："长兄如父。"老三的年少轻狂，令大哥看在眼里，急在心里。若是老三不成器，自己又如何向高堂老父老母交代？又如何对得起列祖列宗？于是只要有机会，大哥就把三弟叫到一旁，苦口婆心地劝他道："三弟呀！不要再在外面游荡了，要早点回家，免得让父母担心啊！"

对大哥的劝告，两次三次也就罢了，次数一多，老三不但听不进去，还开始对大哥反感起来，以后见到大哥就躲。实在躲不掉，就勉强听着，也是左耳朵进右耳朵出，一有机会就开溜。每当他见到那帮同样游手好闲的朋友时，心里觉得他们比大哥亲和多了。于是愈发的离不开这帮人，每天吃喝玩乐逍遥自在。大哥见三弟不听规劝，较之前更变本加厉起来，不由很是着急，整天皱眉苦脸，不知如何是好。

见此情景，把大哥请到自己房间，兄弟俩为老三的事促膝长谈起来。大哥有些激动地说："我如此煞费苦心地规劝老三，他不但不加收敛，还变本加厉起来。难道是我做错了吗？"老二按住大哥的手说："你的心是为弟弟好，这个没错，我也很替弟弟担心。但是你对弟弟讲话的时候，语气太直接了，年轻人面子上挂不住，还会伤到他的心。这样吧，你给我一段时间，由我来劝他。"于是当天晚上，陈世恩亲自拿着院门的钥匙，在门口等弟弟回家。

夜已很深了，家家户户都已熄灯歇息，陈世恩还在门外徘徊，耐心地等待着弟弟。半夜过后，弟弟才姗姗朝门口走来。陈世恩迎上前说："弟弟回来了！""啊！是二哥。"老三没料到是二哥在等他，显得有些不知所措。陈世恩忙笑着说："赶快回家吧，外面冷。"等弟弟进了院子，陈世恩把大门锁好，关切地问道："你吃饭了没有？冷不冷？"老三以为二哥会教训自己，没想到他会这样问，于是说了句"噢？吃了，不冷"，就急急忙忙回自己房间了。

第二天一早，老三又溜出去了，仍然是一整天没回来。陈世恩和前天一样，晚上仍然在院门口等弟弟。弟弟没想到二哥又会在门口等他，有些不好意思了，站在门外不动。陈世恩笑了笑说：“自己家里都不进来吗？进门吧，我好锁门。”待弟弟进门后，陈世恩闻到弟弟身上透出一股酒气，便关切地说：“喝酒了，难不难受，我给你泡杯浓茶，喝了可以解酒。”说罢泡上了一杯茶，嘱咐弟弟喝完茶早点休息。这一晚，老三可有些睡不着了。他在想，假如二哥也像大哥那样骂自己几句，自己可能要好受些，但二哥偏偏没有半点责怪自己的意思，这样一来，自己反倒有些不安了。回想起自己这些年来在外面花天酒地的情形，老三觉得脸上有些发烧。回想起两个哥哥对自己无微不至的关怀，心里觉得特别的亲切。此后的几天，老三虽然照常一早出门，但想起二哥深夜等自己回家的情形，心里不免有些愧意，于是这天晚上对朋友提出要先告辞回家。朋友却嘲笑他说：“急什么？难道是怕家里的大棒槌吗？”老三不想在朋友面前失去脸面，只好又玩到了深夜。当他赶回家一看，二哥又是一脸关切地在等自己回家。老三低下头，喏喏不能成声。陈世恩仍然没有责怪他，而是亲切地抚着弟弟的肩头，问他哪里不舒服。老三立时羞愧交加，心头一酸，“哇”地哭了起来。他跪下对二哥说：“我错了，请二哥责罚！”陈世恩高兴地扶起弟弟说：“好！好！回来了就好！哥相信你会自己改正的。”从此以后，老三再也不和那帮朋友混日子了。他在两位哥哥的精心教育下，认真学习发愤图强，终于成为了一位德才兼备的人。

这虽然是个普普通通的故事，却道出了教育子女的方法和技巧。从中可以看出，家庭教育，不可采取生硬的说教，只有设法引导和感化孩子，才能收到事半功倍的效果。

# 学会珍惜亲情

XUE HUI ZHEN XI QIN QING

学会珍惜亲情，除了懂得孝敬父母和长辈外，还应懂得珍惜兄弟姐妹和亲人之间的敬爱之情。因为亲情是一种不求回报的力量馈赠，在最无助的人生路上，亲情是最持久的动力，给予我们无私的帮助和依靠；在最寂寞的情感路上，亲情是最真诚的陪伴，让我们感受到无比的温馨和安慰；在最无奈的十字路口，亲情是最清晰的路标，指引我们成功达到目标。

古代有个《赵孝争死》的故事广为流传，被后人作为兄弟和睦的榜样。

汉朝时，有一家兄弟俩，哥哥叫赵孝，弟弟叫赵礼，兄弟两人相处得十分融洽，从未红过脸。有一年，饥荒严重，一伙强盗占据了秋山，四处抢掠无恶不作，百姓们只得漂流四方，躲避盗匪的搜刮和残害。强盗们见抢不到什么东西，就把人杀了拿来吃。赵礼在逃走途中，不幸被土匪抓住了。赵礼虽然身材瘦小，穷凶极恶的强盗仍不肯放过他，将他五花大绑在一棵树上，旁边架起一堆火，准备将他烹了来吃。赵孝虽然逃过了一劫，发现弟弟不见了，四处打听，得知赵礼被强盗抓走了，不由心急如焚起来。他想：要是弟弟有个三长两短，怎么对得起父母呀？我这个做哥哥的，又怎么有脸活在世上呢？于是他决定即便赔上自己的性命，也要把弟弟救回来。情急之下，赵孝奔土匪离去的方向追赶了过去，终于发现土匪正准备将弟弟下锅。他毫无惧色冲到土匪面前说："我弟弟有病，身体瘦弱，身上没什么肉，肯定不好吃，请你们放了他吧。"

土匪头子一听，瞪眼朝赵孝狂叫道："放了他，我们吃什么？"赵孝接着说："只要你们放了他，我愿意把自己给你们吃了。我没病，肉也多。"强盗们听赵孝说出这等话，立时愣住了。尽管他们杀人不眨眼，还是被对方的义气所震慑。这时，被捆绑的赵礼摇头道："不行不行，你们要吃的是我，与我哥哥无关。"经赵礼这样一说，赵孝扑到赵礼怀中，相拥痛哭起来。土匪们被兄弟俩的这份真挚情谊感化了，继而唤醒了尘封已久的人性和良知，将他们兄弟俩放走了。

《赵孝争死》的事情传到皇宫后，皇帝也被他们的事迹感动了，不仅下诏将兄弟俩封以官职，又昭示天下，号召全国百姓效仿学习。

俗话说："兄弟齐心，其利断金。"兄弟如手足，理应相互关心同舟共济。在现实生活中，兄弟姐妹为了个人利益相互残害的事件屡见不鲜。可以想象一下，对兄弟姐妹都如此气量狭窄的人，对父母必是不孝顺的人。面对这样的人，我们无需用更多的语言来抨击，只能感叹说太不应该。在这也呼吁天下父母在教育孩子的过程中，要以身作则，珍惜你的亲人，友善周围的人，为孩子们作出表率。

## 扔掉心中的拐杖
RENG DIAO XIN ZHONG DE GUAI ZHANG

孩子从出生到成长，都是在父母的庇护下长大。有的孩子从小就懂得自立，遇事有自己的主张。而有的孩子长大成人后，仍离不开父母的辅佐，事事都要在父母的安排下进行，缺乏一种独立自主的性格。这样的人看起来是孝顺，实则是一种不孝行为。真正有出息的孩子，该懂得减轻父母操累，什么事情该自己拿主意，而不是一味依赖父母，增加父母的心理负担。

华裔电脑名人王安六岁时，有一天外出玩耍，路经一棵大树时，忽然有一样东西掉落在他头上。他伸手一摸，原来是个鸟巢，从里面滚落出一只嗷嗷待哺的小麻雀。王安决定带回去喂养，走到门口，她忽然想起妈妈不允许他养小动物。他只好轻轻地把麻雀放在大门外，急步走进屋内，请求妈妈允许，妈妈破例答应了儿子的请求。王安兴奋的跑出门外，不料麻雀已经不见了，只见一只黑猫正在意犹未尽的擦拭着嘴巴。王安当断不断悔恨莫及，为此伤心了好久。从这件事上，王安得到了一个影响他一生的教训：只要是自己认准了能做的事，不必依赖他人，不可优柔寡断，必须马上付诸行动。或许，这正是王安后来取得成功的奥秘。

生活中最大的被动，就是依赖他人来保障自己。寄希望于他人的帮助，就会形成惰性，失去独立思考和行动的能力。一旦他人离你远去时，你将是无舵的船，断线的风筝，坠入不能自主的被动局面。只有自强自立，才能开创出自己的新天地。在这一点上，古代不少仁人志士做出了好的榜样。

康熙年间，贵州巡抚刘荫枢告老回乡后，想用一生的积蓄为家乡建一座桥。但是子女们却反对他："您当了一辈子高官，我们却没沾到一点光，好容易盼到您回家，你却如此不顾我们。"刘荫枢很伤心，他觉得自己虽然一身清白，但忽视了对子女的教育。于是，他用尽积蓄，历时五年，修成大桥，取名"毓秀桥"。桥修好后，他对子女说："我之所以用全部积蓄修桥，就想用事实告诉你们，自己的路自己走，自己的生活自己创，靠天、靠地、不如靠自己。"为了彻底消除孩子们依赖父母的心理，他以十五两白银的价钱把桥卖给了官府。

刘荫枢的所作所为深深地打动了他的子女。他的孩子们发愤图强，日后都成为了国家的栋梁之材。应该说，刘荫枢注重孩子自强精神的培养是具有远见卓识的，而他用毕生的积蓄来教育孩子，可谓用心良苦。

培养孩子的自立精神，需要从小时候开始，让孩子养成一种自强自立的品性。北宋初年杰出的政治家、文学家范仲淹，就是从小时候开始发愤图强最终成就自己的典范。

范仲淹幼年丧父，家境十分贫寒。为了生活，他居住在一所寺院，一边帮着干些杂活维持生计，一边读书。为了掌握好知识，他常常读书到深夜，困了，就用冷水洗把脸继续读书。每天吃的，都是小米粥。他每天煮好一盆粥，待粥冷却后，将粥划成四块，早晚各取两块，就着腌咸菜下肚。一天，有个官宦家的同学来看范仲淹，见范仲淹生活如此艰苦，回家后就向父亲讲了这事。同学的父亲便叫人单独做份饭菜给范仲淹送去，范仲淹婉言谢绝了。他说："我非常感谢你的厚意，我每天吃粥已经习惯了，如果吃了你送来的好菜好饭，贪图享乐，怕以后吃不下粥了。"这个同学听了深受感动，对范仲淹更加钦佩了。范仲淹就是靠着这种自强精神划粥苦读，终于功成名就，写出了"先天下之忧而忧，后天下之乐而乐"的千古名言。

古代少年从小立志苦读者不在少数，比较有名的如汉代朱买臣，因家境贫困，他一边砍柴，一边读书；隋代李密，为人放牛，骑在牛背上读《汉书》；汉朝路温舒无书，把借来的《尚书》抄在自己用蒲草编的席子上；公孙弘家贫无书，削竹片抄录《春秋》诵读；晋朝车胤，夜读无油灯，捉来许多萤火虫装在纱袋里，靠萤火虫发出的光亮读书；孙康则在冬夜借大雪的反光读书；晋朝孙敬，读书至夜深，为不让自己打瞌睡，以绳系发，悬于屋梁（头悬梁）；战国时苏秦游说秦国而不被重用，回家遭到妻不下机、嫂不为炊的冷落，发誓钻研兵法。每当夜深昏昏欲睡之时，苏秦就用锥子自刺大腿，使自己清醒之后再读（锥刺股）。等等这些，无一不是自强自立终成大器的典范。

培养孩子的自强自立精神，首先要让孩子懂得自己的事情自己做，不要依赖别人，比如说按时整理自己的房间和学习用品。其次，要督促孩子做一些力所能及的家务活，做父母的不要心疼，更不要大包大揽。孩子遇到什么问题，要引导孩子自己先拿主意，鼓励和激发他们的创造性和独立精神。

# 做个大气的孩子

ZUO GE DA QI DE HAI ZI

大气是一种豁达大度,一种宽容忍让,遇事不会斤斤计较,这是一种高尚的品德和情操,具有这种品德的人,一定也是个孝顺父母,友善邻里的人。

曾看到过这样一则故事:一个幼儿实习老师在一所幼儿园实习,中午放学时,由于她的疏忽大意,将一个五岁的小女孩锁在了游戏室。一个多小时后,小女孩被幼儿园的其他老师发现并解救出来。不难想象,获救的小女孩是何等惊惧,她在闻讯赶来的妈妈怀里痛哭不止。实习老师闻讯后惊慌失措地赶到现场, 因为担心与内疚, 在啼哭的孩子面前手足无措,不知说什么好。这时,在场的所有人都等待着孩子母亲合乎情理的斥责与埋怨。毕竟,是实习老师的疏忽导致孩子遭受了不应有的惊吓。但出乎意料的是,这位母亲俯身向还在抽泣的孩子说:“乖,去亲亲姐姐,告诉她没事了。”孩子在母亲的嘱咐下,含泪亲了亲呆立一旁的实习老师。瞬间,周围等待看好戏的人们感到了一阵暖意。

在亲吻这个简单的动作里，孩子懂得了宽容，实习老师获得了宽容，周围的人们感受到了宽容。俗话说慈母必有孝子，有什么样的母亲，就有什么样的孩子。母亲遇事睚眦必报，孩子就会冷酷无情；母亲凡事多些宽容，孩子也必能拥有一颗宽容的心。教孩子懂得宽容、善待他人，有时也许只需一句简单的话，一个不经意的决定。正是因为这些，母亲给孩子做出了表率，才让宽容的种子在孩子幼小的心灵里扎下根。将来，才有可能培养出宽容、体贴的孩子。所以，我们要培养孩子具有宽容的优良品德，就必须注重自身言行，当好孩子的榜样，从小在孩子的心里种下宽容的种子，让其生根发芽。

大气的人懂得宽容，而宽容来自于忍让，忍让是一种修养，一种品性。

现实生活中，不如意之事十之八九，磕磕碰碰的事时有发生，能够宽容与忍让，是一种大气。大气的孩子心胸宽广有肚量，不会计较他人的过错。即便是自己受到委屈，也能泰然处之。

春秋战国时期，耕柱是一代宗师墨子的得意门生，不过，他老是挨墨子的责骂。有一次，墨子又责备耕柱，耕柱觉得自己非常委屈，因为在许多门生之中，大家都公认耕柱是最优秀的人，但又偏偏常遭到墨子指责，让他很没有面子。一天，耕柱愤愤不平地问墨子："老师，难道在这么多学生当中，我竟是如此的差劲，以至于要时常遭您老人家责骂吗？"墨子听后，心平气和地说："假设我现在要上太行山，依你看，我应该要用良马来拉车，还是用老牛来拖车？"耕柱回答说："再笨的人也知道要用良马来拉车。"墨子又问："那么，为什么不用老牛呢？"耕柱回答说："理由非常的简单，因为良马足以担负重任,值得驱遣。”墨子说:“你答得一点也没有错,我之所以时常责骂你,也只因为你能够担负重任,值得我一再地教导与匡正你。”

墨子这种“恨铁不成钢”的教育方法,的确存在于现实生活中。试想一下,谁又能对一个“朽木难雕”的人多费口舌呢?老师或家长的批评,是在帮助和提升自己。通过批评,不但可以使自己改正缺点修正错误,同时也能使自己引以为戒,不再犯同样的错误,有利提升自己的能力和水平。所以说,教育孩子具备承受批评的能力,是为了让孩子更加大气更加成熟!